《国家大面积停电事件应急预案》
解　读

国家能源局电力安全监管司
中国能源研究会　主编

中国水利水电出版社
www.waterpub.com.cn
·北京·

内 容 提 要

国务院于 2015 年 11 月 26 日印发了《国家大面积停电事件应急预案》,本书针对该预案与 2005 年版原《预案》的区别,从总则、组织体系、监测预警和信息报告、应急响应、后期处理、保障措施和附则的相关规定方面进行了深入解析。

希望政府应急管理部门、电力企业、人民政府电力运行主管部门及能源监管机构相关专职人员能通过本书更深入、全面地理解《国家大面积停电事件应急预案》的内涵,并以《国家大面积停电事件应急预案》的发布落实为契机,全面提升我国电力安全与应急乃至社会突发事件应急管理的水平。

图书在版编目(C I P)数据

《国家大面积停电事件应急预案》解读 / 国家能源局电力安全监管司,中国能源研究会主编. -- 北京 : 中国水利水电出版社,2017.3(2017.7重印)
ISBN 978-7-5170-5270-8

Ⅰ. ①国… Ⅱ. ①国… ②中… Ⅲ. ①停电事故—应急对策 Ⅳ. ①TM08

中国版本图书馆CIP数据核字(2017)第064275号

书　　名	《国家大面积停电事件应急预案》解读 《GUOJIA DA MIANJI TINGDIAN SHIJIAN YINGJI YU'AN》JIEDU
作　　者	国家能源局电力安全监管司　中国能源研究会　主编
出版发行	中国水利水电出版社 (北京市海淀区玉渊潭南路1号D座　100038) 网址:www. waterpub. com. cn E-mail:sales@waterpub. com. cn 电话:(010) 68367658(营销中心)
经　　售	北京科水图书销售中心(零售) 电话:(010) 88383994、63202643、68545874 全国各地新华书店和相关出版物销售网点
排　　版	中国水利水电出版社微机排版中心
印　　刷	北京瑞斯通印务发展有限公司
规　　格	140mm×203mm　32开本　9.25印张　182千字
版　　次	2017年3月第1版　2017年7月第2次印刷
印　　数	5301—10300册
定　　价	39.00元

前　言

　　我国地域辽阔、自然环境复杂，是世界上遭受自然灾害最严重的国家之一，台风、洪水、地震、雨雪、干旱、高温、泥石流等极端天气及重大自然灾害多发，对电网运行构成严重威胁。同时，大电网技术难度和复杂性日益加大，电力安全生产管理存在诸多不定因素，引发大面积停电的风险始终存在。因此，加强大面积停电事件应急管理工作，提高全社会应急处置能力，最大限度地减少损失，十分重要和迫切。

　　国务院于2005年印发实施了《国家处置电网大面积停电事件应急预案》（以下简称原《预案》），原《预案》在我国大面积停电突发事件应对过程中发挥了重要作用，对提高我国电力应急管理水平和能力，建立大面积停电事件应急管理体系，维护社会和谐和保障经济发展做出了巨大贡献。但在近年来的突发事件应急处置过程中，原《预案》也显现出一定的局限性，主要表现在：我国突发事件管理体制持续发展进步，原《预案》已不适应当前的应急管理现状；原《预案》内涵不够准确，基本偏重于电力行业的应对处置，对各级人民政府及其有关单位的主导协调作用及社会运行调节职能缺乏考虑；原《预案》与其他人民政府专项预案的衔接有待完善。

基于此，国务院于2015年11月26日印发了《国家大面积停电事件应急预案》（以下简称新《预案》），与原《预案》相比，新《预案》在适用范围、分级标准、组织体系、应急响应等方面进行了调整完善，增加了监测预警和信息报告相关规定。重点强调了大面积停电事件作为社会突发事件的典型特征，适用范围由原《预案》规定的"重要中心城市电网"调整为所有"城市电网"。细化了事件分级标准，参照《电力安全事故应急处置和调查处理条例》中电力安全事故分级标准，新《预案》依据电网减供负荷、供电用户停电两个指标，按照事件严重性和受影响程度，将大面积停电事件由原来的Ⅰ级、Ⅱ级两级调整为特别重大、重大、较大和一般四个级别。调整了事件处置组织指挥体系，指挥机构分为国家、地方政府、企业三个层面，国家层面可成立国务院工作组或国家大面积停电事件应急指挥部，指挥部由国家发展和改革委员会（以下简称国家发改委）、中央宣传部、公安部等27家单位组成；县级以上地方人民政府要结合实际，成立相应组织指挥机构，建立健全应急联动机制；电力企业建立健全应急指挥机构，在政府组织指挥机构领导下开展大面积停电事件应对工作。同时明确，国家能源局负责大面积停电事件应对的指导协调和组织管理工作，地方人民政府是事件应对的责任主体。新《预案》增加了"监测预警和信息报告"章节，建立了监测预警工作机制，规范预警信息发布、预警行动、预警解除和信息报告工作，明确了地方人民政府电力运行主管部门、国家能源局派出机构、电力企业、重要电力用户相关责任。

为了帮助政府相关部门、电力企业、各相关行业应急管理人员更深入全面地理解新《预案》的内涵，受国家能源局电力安全监管司委托，中国能源研究会组织有关专家编纂成本书。参与编写的主要撰稿专家多年来深度参与了新

《预案》的修编，参加了大量的资料收集、讨论会商和意见征求工作，书稿中融汇了专家在新《预案》修编过程中的体会和多年应急管理工作理论研究及实践经验，具有较强的针对性和指导性。

希望本书能够进一步推进新《预案》的贯彻落实，有力提升我国电力安全与应急乃至社会突发事件应急管理水平。

编写组

2016 年 7 月

目　录

1 总　　则

　　总则是对 2015 年版《国家大面积停电事件应急预案》（以下简称新《预案》）主要内容的原则性、概括性规定。总则共 5 条，主要明确了新《预案》的编制目的、编制依据、适用范围、工作原则、事件分级等，准确理解和掌握总则内容，是贯彻落实新《预案》的基础。

1.1　编制目的

【预案原文】

　　建立健全大面积停电事件应对工作机制，提高应对效率，最大程度减少人员伤亡和财产损失，维护国家安全和社会稳定。

【解读】

1.1.1　大面积停电事件的分类与特点

1. 大面积停电事件的分类

　　按照发生原因，大面积停电事件可以分为如下几类：

　　（1）自然灾害导致的电力安全事故，主要指气象灾害、地震灾害、地质灾害、海洋灾害、森林草原火灾等造成的电力设备设施损坏，引发大面积停电。

（2）因电力系统设备自身故障或缺陷导致的电力安全事故，如输变电控制和保护设备存在隐藏性缺陷，使之不能正确动作或误动作，无法及时切除输变电一次设备故障或造成故障扩大，引发大面积停电。

（3）人员过失导致的电力系统安全突发事件，主要指电力系统运行维护人员误操作或调度人员处置不当，从而导致电力安全事故并引发大面积停电。

（4）因人为破坏，导致重要输变电设备和设施损毁或停运，引发大面积停电。

2. 大面积停电事件的特点

由电力装备与设施构成的物理电力系统存在于自然环境和社会环境中，电力系统安全不但与电力系统自身相关，还与自然环境和社会环境有关，因此大面积停电事件具有如下特点：

（1）涉及环节多。电能的生产、输送、分配、消费是同时完成的，涉及电力系统发电、输电、配电、用电多个环节，其中任何一个环节被破坏，都可能使得平衡关系被打破，进而影响电力系统安全运行。

（2）灾害源多。大面积停电事件可能来自于电力系统内部，也可能是受到自然灾害的影响，或者受到有意或无意的人为破坏。

（3）损失巨大。我国电力工业经过几十年发展，设施量大且分布面广，电力供应涉及全社会各行各业，大面积停电造成的直接和间接损失巨大。

（4）影响面广，次生、衍生灾害多。电力在国民经济和日常生活中具有不可替代的作用，一旦电力供应中断，将对国民经济和人民生活带来重大影响，并有可能引发更为严重的次生、衍生灾害。

1.1.2 大面积停电事件应急处置工作特点

1. 快速响应能力要求高

（1）所谓应急就是应对紧急突发的事件，顾名思义，其中必然包含了时间约束性，即应急处置的快速性要求。应急就是与时间作战，必须在限定的时间内控制住事态，把损失和影响减小到最小，因此，应急事件响应的快速性是任何应急管理工作的基本原则。

（2）电力系统的物理特性和网络特性，决定了电力安全事故具有较强的连锁扩散性。经过多年的发展和建设，我国已经基本形成了以500千伏电压等级主干网架为主，西电东送、南北互济的电网格局。截至2015年年底，220千伏以上输电线路总长度达到61万千米，变电容量达到31亿千伏安，电网规模居世界第一；全国装机容量达到15亿千瓦，总装机容量居世界第一。如此庞大和复杂的电力系统，一旦发生电力安全事故，有可能引起连锁反应，如果不及时采取应急处置措施，将造成事故范围扩大，引发大面积停电，并诱发严重的次生灾害。因此，必须及时地控制、减轻和消除电力安全事故损害，防止事故范围扩大，保证电力系统安全稳定运行和电力可靠供应。

（3）大面积停电事件的社会危害性，尤其是其对民生条件和舆情环境影响的时间敏感性也对快速响应能力提出了很高的要求。任何对大面积停电事件的处置与决策，都要考虑响应的及时性，以避免停电时间过长使社会公众的生存需求和安全需求受到影响后引发一系列群体事件进而导致社会秩序崩溃。

2. 专业处置能力要求高

应对大面积停电事件，首先要求电力企业自身有能力对电网故障进行有效处置。电力系统是一个复杂的高阶矩阵系统，而且由于目前电能不能大量存储，电能必须保持生产、输送、配送和消费的连续性，这对在应急事件处置过程中的分析、计算和决策提出了很高的专业性要求。同时，为防范次生衍生灾害和人身伤亡，也对应急队伍、设施、作业流程提出了很高的专业性要求。

应对大面积停电事件，更对社会管理机构尤其是地方人民政府提出了很高的专业要求。其中既包括对大面积停电的风险源识别、社会危害分析、极端场景构建、处置资源规划、技术实施手段等事前管理能力的要求，也包括应急事件发生后的组织召集、响应指挥、保障协同等事中管理能力的要求，还包括对应急事件处置完成后的一系列社会影响的消除及善后工作能力的要求。

3. 协调联动要求高

大面积停电事件应急处置涉及政府部门、电力企业、电力用户、普通民众等多个方面，电力系统处置恢复涵盖发输供用各个环节，应急资源调配既包括专业应急队伍和设备，又需要社会力量作为补充，必要时还需要武警和军队参与，这对以政府为主导的应急指挥协调能力提出非常高的要求，既要合理合规，又要科学到位，应急处置中各方的权利和义务也需予以规范并获得预审批，保证多环节多部门有序开展应急处置工作。

【案例思考】

2012 年 7 月 30 日和 31 日，印度先后两次发生电网大面积停电事故，停电范围和影响之大为世界电力史罕见，不但引起印度政府高度重视，同时也引发国际社会高度关注。

2012 年 7 月 30 日 2：33，印度北部电网发生大面积停电事故，事故发生时电网负荷 3832 万千瓦，停电损失负荷约为 3600 万千瓦，约占全国总负荷的 36％。约 3.7 亿人口受到停电影响，占印度总人口的 28％。7 月 30 日 16：00 前停电地区全部恢复供电。

2012 年 7 月 31 日 13：00，印度再次发生电网大面积停电事故，北部、东部和东北部电网崩溃，事故发生时，北部、东部和东北部电网总负荷 4835 万千瓦，停电负荷损失约为 4800 万千瓦，约占全国总负荷的 47％。受影响人口 6.7 亿，占印度总人口的 55％。北部、东部和东北部的大部分停电地区分别在 5 小时、8 小时和 2 小时内恢复主网架。

由于频繁的停电，促使印度在电力应急管理方面积累了很多经验，社会用户大都配置有自备应急电源，停电后社会基本稳定。我国社会经济活动对电力依赖程度远远高于印度，要切实吸取经验，完善全社会电力应急处置机制，加强政府、电力企业和社会用户的协调沟通，联合处置应对，有效维护社会秩序，将停电损失控制在最小范围内；加强电力应急宣传，增强社会公众应急意识和应急能力；制定强制性管理规定，要求重要电力用户必须合理配置自备应急电源，提高用户应急自救能力；定期开展多部门联动的应急演练和黑启动演练，加快研究对重要城市、重要电力用户的孤岛运行措施，保证大面积停电情况下重要基础设施正常运转，保证人民群众生命和财产安全。

1.2 编制依据

【预案原文】

依据《中华人民共和国突发事件应对法》《中华人民共和国安全生产法》《中华人民共和国电力法》《生产安全事故报告和调查处理条例》《电力安全事故应急处置和调查处理条例》《电网调度管理条例》《国家突发公共事件总体应急预案》《突发事件应急预案管理办法》及相关法律法规等，制定本预案。

【法规依据】

1.《中华人民共和国突发事件应对法》

第十七条 国家建立健全突发事件应急预案体系。

国务院制定国家突发事件总体应急预案，组织制定国家突发事件专项应急预案；国务院有关部门根据各自的职责和国务院相关应急预案，制定国家突发事件部门应急预案。

地方各级人民政府和县级以上地方各级人民政府有关部门根据有关法律、法规、规章、上级人民政府及其有关部门的应急预案以及本地区的实际情况，制定相应的突发事件应急预案。

应急预案制定机关应当根据实际需要和情势变化，

适时修订应急预案。应急预案的制定、修订程序由国务院规定。

第十八条　应急预案应当根据本法和其他有关法律、法规的规定，针对突发事件的性质、特点和可能造成的社会危害，具体规定突发事件应急管理工作的组织指挥体系与职责和突发事件的预防与预警机制、处置程序、应急保障措施以及事后恢复与重建措施等内容。

2.《中华人民共和国安全生产法》

第七十七条　县级以上地方各级人民政府应当组织有关部门制定本行政区域内生产安全事故应急救援预案，建立应急救援体系。

第七十八条　生产经营单位应当制定本单位生产安全事故应急救援预案，与所在地县级以上地方人民政府组织制定的生产安全事故应急预案相衔接，并定期组织演练。

3.《电力安全事故应急处置和调查处理条例》

第十二条　国务院电力监管机构依照《中华人民共和国突发事件应对法》和《国家突发公共事件总体应急预案》，组织编制国家处置电网大面积停电事件应急预案，报国务院批准。

有关地方人民政府应当依照法律、行政法规和国家处置电网大面积停电事件应急预案，组织制定本行政区域处置电网大面积停电事件应急预案。

处置电网大面积停电事件应急预案应当对应急组织指挥体系及职责，应急处置的各项措施，以及人员、资金、物资、技术等应急保障作出具体规定。

4. 《国家突发公共事件总体应急预案》

全国突发公共事件应急预案体系包括：

（1）突发公共事件总体应急预案。总体应急预案是全国应急预案体系的总纲，是国务院应对特别重大突发公共事件的规范性文件。

（2）突发公共事件专项应急预案。专项应急预案主要是国务院及其有关部门为应对某一类型或某几种类型突发公共事件而制定的应急预案。

（3）突发公共事件部门应急预案。部门应急预案是国务院有关部门根据总体应急预案、专项应急预案和部门职责为应对突发公共事件制定的预案。

（4）突发公共事件地方应急预案。具体包括：省级人民政府的突发公共事件总体应急预案、专项应急预案和部门应急预案；各市（地）、县（市）人民政府及其基层政权组织的突发公共事件应急预案。上述预案在省级人民政府的领导下，按照分类管理、分级负责的原则，由地方人民政府及其有关部门分别制定。

（5）企事业单位根据有关法律法规制定的应急预案。

（6）举办大型会展和文化体育等重大活动，主办单位应当制定应急预案。

各类预案将根据实际情况变化不断补充、完善。

5. 《突发事件应急预案管理办法》

第二条　本办法所称应急预案，是指各级人民政府及其部门、基层组织、企事业单位、社会团体等为依法、迅速、科学、有序应对突发事件，最大程度减少突发事件及其造成的损害而预先制定的工作方案。

【解读】

我国应急管理体系建设的核心内容被简要地概括为"一案三制"（应急预案，应急管理体制、机制和法制）。

1. 应急预案

应急预案是应急管理的重要基础，对应急预案的管理是我国应急管理体系建设的首要工作。2005 年国务院印发了《国家突发公共事件总体应急预案》。同年，应对自然灾害、事故灾难、公共卫生事件和社会安全事件的四大类 25 件专项应急预案、80 件部门预案也陆续发布，全国应急预案框架体系基本形成。随后大量专项及部门预案相继编制发布，全国"纵向到底、横向到边"的应急预案体系基本形成。

2. 应急管理体制

自 2003 年以来，在充分利用现有政府行政管理机构资源的前提下，依托于政府办公厅（室）的应急办发挥了枢纽作用，协调若干个议事协调机构和联席会议制度的综合协调型应急管理新体制初步确立。2006 年发布的《国务院关于全面加强应急管理工作的意见》提出，要"健全分类管理、分级负责、条块结合、属地为主的应急管理体制，落实党委领导下的行政领导责任制，加强应急管理机构和应急救援队伍建设"。2007 年开始施行的《中华人民共和国突发事件应对法》明确规定，"国家建立统一领导、综合协调、分类管理、分级负责、属地管理为主的应急管理体制。"2006 年，设置国务院应急管理办公室（国务院总值班室），承担国务院应急管理的日常工作和国务院总值班工作，履行值守应急、信息汇总和综合协调职能，发挥运转枢纽作用。

各部门、各地方政府也纷纷设立专门的应急管理机构，完善应急管理体制。总的来看，中国的应急管理体制，是建立在法治基础上的平战结合、常态管理与非常态管理相结合的保障型体制，具有常规化、制度化和法制化等特征。

3. 应急管理机制

应急管理机制是指突发事件全过程中各种制度化、程序化的应急管理方法与措施。应急管理机制涵盖突发事件事前、事发、事中和事后全过程，主要包括预防准备、监测预警、信息报告、决策指挥、公共沟通、社会动员、恢复重建、调查评估、应急保障等内容。

4. 应急管理法制

2006年6月24日，十届全国人大常委会第二十二次会议首次审议了《中华人民共和国突发事件应对法》。2007年8月30日，十届全国人大常委会第二十九次会议审议通过《中华人民共和国突发事件应对法》，这是新中国第一部应对各类突发事件的综合性法律。它的施行标志着我国规范应对各类突发事件共同行为的基本法律制度确立，为有效实施应急管理提供了更加完备的法律依据和法制保障。

我国目前已基本建立了以宪法为依据、以《中华人民共和国突发事件应对法》为核心、以相关单项法律法规为配套的应急管理法律体系，应急管理工作也逐渐进入了制度化、规范化、法制化的轨道。

新《预案》依据《突发事件应急预案管理办法》，在性质上属于社会突发事件政府专项预案，在框架结构上遵从《国家突发公共事件总体应急预案》的指导和要求并与其紧密衔接，其组织体系、责权分工和相关体制设置严格遵从《中华人民共和国突发事件应对法》。另外，因为大面积停电事件的电网属性，其中对电力企业职责规定、应急处置关键程序以及电力企业与政府、社会的协同联动遵从《电力安全事故应急处置和调查处理条例》。

1.3 适用范围

【预案原文】

本预案适用于我国境内发生的大面积停电事件应对工作。

大面积停电事件是指由于自然灾害、电力安全事故和外力破坏等原因造成区域性电网、省级电网或城市电网大量减供负荷，对国家安全、社会稳定以及人民群众生产生活造成影响和威胁的停电事件。

【法规依据】

1. 《中华人民共和国突发事件应对法》

第三条 本法所称突发事件，是指突然发生，造成或者可能造成严重社会危害，需要采取应急处置措施予以应对的自然灾害、事故灾难、公共卫生事件和社会安全事件。

2. 《国家突发公共事件总体应急预案》

突发公共事件是指突然发生，造成或者可能造成重大人员伤亡、财产损失、生态环境破坏和严重社会危害，危及公共安全的紧急事件。

根据突发公共事件的发生过程、性质和机理，突发公共事件主要分为以下四类：

（1）自然灾害。主要包括水旱灾害、气象灾害、地震灾害、地质灾害、海洋灾害、生物灾害和森林草原火灾等。

（2）事故灾难。主要包括工矿商贸等企业的各类安全事故、交通运输事故、公共设施和设备事故、环境污染和生态破坏事件等。

（3）公共卫生事件。主要包括传染病疫情、群体性不明原因疾病、食品安全和职业危害、动物疫情，以及其他严重影响公众健康和生命安全的事件。

（4）社会安全事件。主要包括恐怖袭击事件、经济安全事件和涉外突发事件等。

【解读】

1. 应对工作适用范围

我国境内即中国境内，指中国边境以内的中国内地领土，不包括香港、澳门和台湾地区。新《预案》中关于适用范围的表述比较简洁，体现了应急预案的定位和作用，大面积停电既可以是单一突发事件，也可以是其他突发事件的后果，对于前者，新《预案》可独立使用；对于后者，相关单位可依据《国家突发公共事件总体应急预案》规定，实施具体行动措施，体现了新《预案》的操作性和与其他预案的衔接性。

2. 大面积停电事件定义的沿革与内涵

原《预案》中，对大面积停电事件定义为："电力生产受严重自然灾害影响或发生重特大事故，引起连锁反应，造成区域电网、省电网或重要中心城市电网减供负荷而引起的大面积停电事件。"

新《预案》参照 2011 年颁布实施的《电力安全事故应急处置和调查处理条例》相关条文，对"大面积停电事件"定义进行了调整，即"大面积停电事件是指由于自然灾害、外力破坏和电力安全事故等原因造成区域性电网、省级电网和城市电网大量减供负荷，对国家安全、社会稳定以及人民群众生产生活造成影响和威胁的停电事件"，在定义中增加了对"国家安全、社会稳定以及人民群众生产生活造成影响和威胁"的表述，重点强调了大面积停电事件作为社会突发事件的典型特征；另外，随着电力在城市运行中重要性的不断提升，在原《预案》表述的"区域电网、省电网或重要中心城市电网"基础上，新《预案》将停电范围扩展到所有城市电网。

【案例思考】

2008 年 1 月 10 日至 2 月 2 日，我国南方特别是贵州、湖南、江西等地区经历了历史罕见的低温雨雪冰冻天气，这次气象灾害具有范围广、强度大、持续时间长、灾害影响重的特点，使电力系统遭受了有电力史以来最严重的破坏。灾害使全国 13 个省（区、市）电力系统运行受到影响，包括：南方电网覆盖范围内的贵州、广西、云南和广东电网，华中区域电网中的湖南、湖北、河南、江西、四川和重庆电网，以及华东区域电网中的浙江、安徽和福建电网。其中，贵州、湖南电网负荷最低时降至不足灾前的 40％，省会贵阳市、湖南郴州市一度面临全城停电的威胁，两个省均启动大面积停电事件Ⅰ级响应。这是一次典型的因特大自然灾害造成的大面积停电事件，对受灾地区人民生产生活造成严重影响。

1.4 工作原则

【预案原文】

大面积停电事件应对工作坚持统一领导、综合协调，属地为主、分工负责，保障民生、维护安全，全社会共同参与的原则。大面积停电事件发生后，地方人民政府及其有关部门、能源局相关派出机构、电力企业、重要电力用户应立即按照职责分工和相关预案开展处置工作。

【法规依据】

1.《中华人民共和国突发事件应对法》

第四条 国家建立统一领导、综合协调、分类管理、分级负责、属地管理为主的应急管理体制。

第五条 突发事件应对工作实行预防为主、预防与应急相结合的原则。国家建立重大突发事件风险评估体系，对可能发生的突发事件进行综合性评估，减少重大突发事件的发生，最大限度地减轻重大突发事件的影响。

2.《国家突发公共事件总体应急预案》

（1）以人为本，减少危害。切实履行政府的社会管理和公共服务职能，把保障公众健康和生命财产安全作为首要任务，最大限度地减少突发公共事件及其造成的人员伤亡和危害。

（2）居安思危，预防为主。高度重视公共安全工作，常抓不懈，防患于未然。增强忧患意识，坚持预防与应急相结合，常态与非常态相结合，做好应对突发公共事件的各项准备工作。

（3）统一领导，分级负责。在党中央、国务院的统一领导下，建立健全分类管理、分级负责，条块结合、属地管理为主的应急管理体制，在各级党委领导下，实行行政领导责任制，充分发挥专业应急指挥机构的作用。

（4）依法规范，加强管理。依据有关法律和行政法规，加强应急管理，维护公众的合法权益，使应对突发公共事件的工作规范化、制度化、法制化。

（5）快速反应，协同应对。加强以属地管理为主的应急处置队伍建设，建立联动协调制度，充分动员和发挥乡镇、社区、企事业单位、社会团体和志愿者队伍的作用，依靠公众力量，形成统一指挥、反应灵敏、功能齐全、协调有序、运转高效的应急管理机制。

（6）依靠科技，提高素质。加强公共安全科学研究和技术开发，采用先进的监测、预测、预警、预防和应急处置技术及设施，充分发挥专家队伍和专业人员的作用，提高应对突发公共事件的科技水平和指挥能力，避免发生次生、衍生事件；加强宣传和培训教育工作，提高公众自救、互救和应对各类突发公共事件的综合素质。

【解读】

1. 工作原则详解

新《预案》强调大面积停电事件应急处置是社会层面的工作。地方各级人民政府是应急指挥工作的责任主体。按照《中华人民共和国突发事件应对法》相关规定和大面积停电事件应急处置工作的特点，明确与其相适应的工作原则。

（1）统一领导。党中央、国务院是突发事件应急管理工作统一指挥机制的领导核心；各级人民政府是本地区应急管理工作的行政领导机关，负责本行政区域各类突发事件的应急管理工作，是负责此项工作的责任主体。在突发事件应对中，领导权主要表现为以相应责任为前提的指挥权、协调权。

（2）综合协调。有两层含义：一是政府对所属各有关部门，上级政府对下级各有关政府，政府与社会各有关组织和团体的协调；二是各级政府对大面积停电事件应急管理工作的办事机构进行日常协调。综合协调是在分工负责的基础上，强化统一指挥、协同联动，以减少运行环节、降低行政成本，提高快速反应能力。

（3）属地为主。主要有两种含义：一是大面积停电事件应急处置工作原则上由地方负责，即由事发地的县级以上地方人民政府负责；二是当发生特别重大大面积停电事件或特定停电事件时，属于国务院有关部门应当负责的，由国务院有关部门管理为主。

（4）分工负责。一方面指大面积停电事件应对工作依据事件的分级由不同层级的人民政府负责。一般来说，一般和较大的自然灾害、事故灾害、公共卫生事件、社会安全事件的应急处置工作分别由发生地县级和设区的市级人民政府统一领导；重大和特别重大的，由省级人民政府统一领导，其中影响全国、跨省级行政区域或者超出省级人民政府处置能力的特别重大的突发事件应对工作，由国务院统一领导。

另一方面是指应急处置的各个部门在人民政府的统一协调下进行的有效协同与密切配合。大面积停电事件发生时，电力企业主要负责对电网故障的响应和修复以及对重要电力用户和部门的供电保障，同时，电力企业也需要通信、交通、公安等其他部门对其响应措施和响应能力进行保障。同样，各部门在应急处置过程中也承担相应的主责并对其他各部门提出保障要求，必须建立有效的分工负责机制。

（5）保障民生。大面积停电事件是因停电导致的社会突发事件，在其发生、发展的初期，影响传播扩散的主要因素是供电中断；随着停电的延续，影响传播扩散和突发事件恶化的主要载体是社会公众的负面反应。因此，要从突发事件信息收集和突发事件响应处置两个方面，做好民生保障工作。

从突发事件信息收集方面：①要做好民生优先的信息上报机制，地方政府是民生事务的责任主体，同时也是大面积停电事件应对的责任主体，应当建立网格化、跨部门、及时有效的民生信息上报汇总机制；②要建立民生指标采集的技术方法，要充分借助政府民生工程建立的数据平台，结合数据整合和数据挖掘技术，有效把握关键的民生指标；③要形成对民生民情演化方向的预测能力，需要有效结合互联网及大数据手段，进行有效的舆情感知及跨维度分析。社会舆论信息对电力系统的运行并不会有影响，并不存在直接的联系，主要是作为参考使用，但其既反映了社会对事件的关注度，又反映了社会对事件发展态势的倾向性意见。在这类信息采集与分析中，媒体指数和民众情感分析是重要的指标。

从突发事件响应处置角度，保障民生可以理解为在存在信息约束、资源约束和时间约束条件下应急指挥决策判据的优先级调整：①信息约束指的是应急指挥机构要在信息不足的情况下做出决策，民生保障要求应急组织指挥机构建立民生无小事的底线意识，民生信息不足时要从恶劣情况着想；②资源约束指的是在响应过程中，多种应急需求争抢有限资源的场景。应急资源主要包含人、财、物三个方面，民生保障要求在特定场景下牺牲技术经济指标而确保应急资源调度决策向民生倾斜；③时间约束指处理的快速性，在限定的时间内将事态控制住，把损害降低到最少，民生保障要求把百姓的灾害承受时间极限作为应急决策的基础性约束指标来进行相关的指挥调度。

（6）维护安全。安全有两个层面的含义：一方面是指维护社会公共安全，包括国家政体的运行安全、生产秩序安全、金融运行安全等；另一方面是指维护人员和财产安全，包括停电后可能发生次生、衍生灾害，对人员人身安全造成的直接伤害，以及对工业生产、设备设施或人民群众财产可能造成的直接损害。

（7）全社会共同参与。在大面积停电事件发生时，事件的影响将不仅限于电力系统，社会生活的各个层次和单元都会受到影响，因此对于大面积停电的预防、响应与恢复需要动员全社会各方面的资源。针对我国现阶段情况，第一，要加强应急处置和风险防范的教育工作，提高民众的社会危机意识、自救互救能力和主动参与意愿；第二，要进一步加强地方政府在应急管理与响应体系中的主导作用，从体制机制上落实主责单位的常态性；第三，要充分发挥民间组织和志愿者及其他社会力量的广泛参与作用，探索建立政府和社会资本合作模式（PPP），以产业化方式促进社会救援能力的可持续发展。

2. 职责划分依据

根据大面积停电事件应急处置工作的特点，应对过程的有法可依、有据可查、执行有序非常重要。

（1）有法可依。《中华人民共和国突发事件应对法》《国家突发公共事件总体应急预案》为应急预防与准备、应急监测与预警、应急处置与救援、事后恢复与重建等行动提供了明确的法律依据和责任规定。

（2）有据可查。在多部门协同的应急处置过程中，信息来源多，事故发展情况瞬息万变，决策约束互为因果，对完善的预案体系提出了很高的要求。依据《突发事件应急预案管理办法》《电力企业应急预案管理办法》等相关规定，各级专项预案应覆盖全面、针对性强、准备措施完善，成为突发场景下有效的应对行为准则。

（3）执行有序。依据《突发事件应急预案管理办法》《国家突发公共事件总体应急预案》等相关规定，各相关单位应该进行常态化的应急演练，持续提高应急预案的有效性与应对措施的熟练性，做到养兵千日，用兵一时。

【案例思考】

2008年雨雪冰冻灾害期间的电力应急抢险救灾工作，充分体现了我国应急工作的原则。

一是党中央、国务院的坚强领导。面对突如其来的灾害，党中央、国务院高度重视，各项救灾应急措施相继启动，指导各地"保交通、保供电、保民生"，以及从部署煤电油运紧急措施到取得重大阶段性胜利后实行抗灾救灾和灾后重建工作的重点转移。各级领导深入受灾一线，指导抢险救灾保电工作，各受灾地区（省、市）的应急办公室组织和协调所辖区域开展电力抢险救灾和社会自救，各电力企业主要负责人靠前指挥、措施得当，提前地完成了党中央、国务院提出的电网恢复的目标任务。

二是快速、及时的应急反应。灾害发生后，国务院相关部委、地方人民政府部门及时作出部署，组织指导抗灾救灾工作，并从加强电网抢修现场施工管理、加强电力系统运行管理、加强质量管理、完善应急措施和防止次生灾害等多个方面给企业提出具体要求。有关电力企业反应迅速，处理果断，全力以赴抢修受灾被毁的电力设施，千方百计恢复受灾地区的电力供应，维护了国家和人民的生命财产安全。

三是科学的指挥协调。国务院成立煤电油运和抢险救灾应急指挥中心，各部委在指挥中心下牵头成立了七个专项应急指挥部，电力、交通、铁路、公安、民航等部门建立起协调配合机制，协调电网抢修所需的设施、材料、人力资源。交通部启动了抢修救灾物资运输应急预案，各地政府执行绿色通道应急机制，对运送铁塔、导线、光缆、水泥杆、施工设备等物资的车辆予以免费通行，保障电网抢修物资及时运抵灾区；铁路部门加大电煤运输力度，调整运输电煤计划，有力地缓解了电煤供应紧张的不利局面。国家电网公司、南方电网公司在重点灾区成立现场指挥机构，周密制定恢复计划和进度安排，统筹调配人力和物资，保障救灾需要，累计投入43余万人在灾区夜以继日开展抢修和恢复电网；地方电网由有关省区政府负责应急指挥工作，保障了抢修电网工作的有序进行。

四是军队武警和社会各界的大力支持。军队武警一直是抢险救灾重要的生力军，冰灾期间，军队武警累计出动官兵近百万人次，民兵预备役人员达到两百多万人次，投入到除冰破雪、疏通道路、抢修损毁电力线路和调拨、抢运救灾物资等工作中，为按时完成应急救灾任务发挥了重要作用。

1.5 事件分级

【预案原文】

按照事件严重性和受影响程度，大面积停电事件分为特别重大、重大、较大和一般四级。分级标准见附录1。

【法规依据】

1.《中华人民共和国突发事件应对法》

第三条　按照社会危害程度、影响范围等因素，自然灾害、事故灾难、公共卫生事件分为特别重大、重大、较大和一般四级。法律、行政法规或者国务院另有规定的，从其规定。

突发事件的分级标准由国务院或者国务院确定的部门制定。

2.《电力安全事故应急处置和调查处理条例》

第三条　根据电力安全事故（以下简称事故）影响电力系统安全稳定运行或者影响电力（热力）正常供应的程度，事故分为特别重大事故、重大事故、较大事故和一般事故。事故等级划分标准由本条例附表列示。事故等级划分标准的部分项目需要调整的，由国务院电力监管机构提出方案，报国务院批准。

由独立的或者通过单一输电线路与外省连接的省级电网供电的省级人民政府所在地城市，以及由单一输电线路或者单一变电站供电的其他设区的市、县级市，其电网减供负荷或者造成供电用户停电的事故等级划分标准，由国务院电力监管机构另行制定，报国务院批准。

3.《国家突发公共事件总体应急预案》

1.3分类分级：各类突发公共事件按照其性质、严重程度、可控性和影响范围等因素，一般分为四级：Ⅰ级（特别重大）、Ⅱ级（重大）、Ⅲ级（较大）和Ⅳ级（一般）。

【解读】

突发事件的分级标准涉及面广，需要考虑的因素也很复杂，《中华人民共和国突发事件应对法》第三款授权国务院或者国务院确定的部门制定突发事件的分级标准。根据《国家突发公共事件总体应急预案》的规定，较大和一般突发事件分级标准由国务院主管部门制定。国务院已经制定了《特别重大、重大突发公共事件分级标准（试行）》，并作为《国家突发公共事件总体应急预案》的附件印发各地、各部门执行。

我国现行有关法律、行政法规和规范性文件，对于突发事件的分级并不完全统一，绝大多数现行法律法规和规范性文件将突发事件分为四级，部分现行法律法规和规范性文件将突发公共事件分为二级或三级。《中华人民共和国突发事件应对法》这样规定的目的一方面是为了便于实行"分级负责""分级响应"措施的落实；另一方面是为了尊重特殊行业管理的特殊性、专业性、灵活性的工作要求。

新《预案》中对事件分级的标准，严格参照了《电力安全事故应急处置和调查处理条例》中关于电力安全事故等级划分的标准，两个标准保持一致，这样做既保持了法规规章的一致性，同时也保持了同类型标准的唯一性，便于各单位操作执行和统计上报。新《预案》与原《预案》分级标准对照表见表1。

表1　　　　新《预案》与原《预案》分级标准对照表

预案简称	事件分级	分　　级　　标　　准
	Ⅰ级停电事件	（1）因电力生产发生重特大事故，引起连锁反应，造成区域电网大面积停电、减供负荷达到事故前总负荷的30％以上。 （2）因电力生产发生重特大事故，引起连锁反应，造成重要政治、经济中心城市减供负荷达到事故前总负荷的50％以上。 （3）因严重自然灾害引起电力设施大范围破坏，造成省电网大面积停电、减供负荷达到事故前总负荷的40％以上，并且造成重要发电厂停电、重要输变电设备受损，对区域电网、跨区域电网安全稳定运行构成严重威胁。 （4）因发电燃料供应短缺等各类原因引起电力供应严重危机，省电网拉线负荷达到正常值的50％以上，并且对区域电网、跨区域电网正常电力供应构成严重影响。 （5）因重要发电厂、重要变电站，重要输变电设备遭受毁灭性的破坏或打击，造成区域电网大面积停电、减供负荷、减供负荷达到事故前总负荷的20％以上，对区域电网、跨区域电网安全稳定运行构成严重威胁。
原《预案》	Ⅱ级停电事件	（1）因电力生产发生重特大事故，造成区域电网大面积停电、减供负荷达到事故前总负荷的10％以上、30％以下。 （2）因电力生产发生重特大事故，造成重要政治、经济中心城市减供负荷达到事故前总负荷的20％以上、50％以下。 （3）因严重自然灾害引起电力设施大范围破坏，造成省电网减供负荷达到事故前总负荷的20％以上、40％以下。 （4）因发电燃料供应短缺等各类原因引起电力供应危机，造成省电网40％以上、60％以下容量机组非计划停机

24

预案简称	事件分级	分级标准
	特别重大大面积停电事件	(1) 区域性电网：减供负荷30%以上。 (2) 省、自治区电网：负荷20000兆瓦以上的减供负荷30%以上，负荷5000兆瓦以上20000兆瓦以下的减供负荷40%以上。 (3) 直辖市电网：减供负荷50%以上，或60%以上电用电用户停电。 (4) 省、自治区人民政府所在地城市电网：负荷2000兆瓦以上的减供负荷60%以上，或70%以上供电用户停电
新《预案》	重大大面积停电事件	(1) 区域性电网：减供负荷10%以上、30%以下。 (2) 省、自治区电网：负荷20000兆瓦以上的减供负荷13%以上、30%以下，负荷5000兆瓦以上20000兆瓦以下的减供负荷16%以上、40%以下，负荷1000兆瓦以上5000兆瓦以下的减供负荷50%以上。 (3) 直辖市电网：减供负荷20%以上、50%以下，或30%以上、60%以下供电用户停电。 (4) 省、自治区人民政府所在地城市电网：负荷2000兆瓦以上的减供负荷40%以上、60%以下，或50%以下、70%以下供电用户停电；负荷2000兆瓦以下供电负荷40%以上、50%以上供电用户停电。 (5) 其他设区的市电网：负荷600兆瓦以上的减供负荷60%以上，或70%以上供电用户停电

预案简称	事件分级	分 级 标 准
		（1）区域性电网：减供负荷 7% 以上 10% 以下。
		（2）省、自治区电网：负荷 20000 兆瓦以上减供负荷 10% 以上、13% 以下，负荷 5000 兆瓦以上 20000 兆瓦以下的减供负荷 12% 以上、16% 以下，负荷 1000 兆瓦以上 5000 兆瓦以下的减供负荷 20% 以上、50% 以下，负荷 1000 兆瓦以下的减供负荷 40% 以上。
新《预案》	较大大面积停电事件	（3）直辖市电网：减供负荷 10% 以上、20% 以下，或 15% 以上、30% 以下供电用户停电。
		（4）省、自治区人民政府所在地城市电网：减供负荷 20% 以上、40% 以下，或 30% 以上、50% 以下供电用户停电。
		（5）其他设区的市电网：负荷 600 兆瓦以上的减供负荷 40% 以上、60% 以下，或负荷 600 兆瓦以下、70% 以下供电用户停电；负荷 600 兆瓦以下的减供负荷 40% 以上、50% 以上供电用户停电。
		（6）县级市电网：负荷 150 兆瓦以上的减供负荷 60% 以上，或 70% 以上供电用户停电。

预案简称	事件分级	分 级 标 准
新《预案》	一般大面积停电事件	（1）区域性电网：减供负荷4%以上、7%以下。 （2）省、自治区电网：负荷20000兆瓦以上的减供负荷5%以上、10%以下，负荷5000兆瓦以上20000兆瓦以下的减供负荷6%以上、12%以下，负荷1000兆瓦以上5000兆瓦以下的减供负荷10%以上、20%以下，负荷1000兆瓦以下减供负荷25%以上、40%以下。 （3）直辖市电网：减供负荷5%以上、10%以下，或10%以上、15%以下供电用户停电。 （4）省、自治区人民政府所在地城市电网：减供负荷10%以上、20%以下，或15%以上、30%以下供电用户停电。 （5）其他设区的市电网：减供负荷20%以上、40%以下，或30%以上、50%以下供电用户停电。 （6）县级市电网：负荷150兆瓦以上的减供负荷40%以上、60%以下，或50%以上、70%以下供电用户停电；负荷150兆瓦以下的减供负荷40%以上、或50%以上供电用户停电

【案例思考】

以新发布的《广东省大面积停电事件应急预案》为例，其中的事件分级标准，既与新《预案》事件分级标准相结合，又体现了广东省的特点。具体标准如下：

1. 特别重大大面积停电事件（Ⅰ级）

（1）区域性电网减供电负荷 30％以上。

（2）全省电网减供电负荷 30％以上。

（3）广州、深圳市电网减供负荷 60％以上，或 70％以上供电用户停电。

2. 重大大面积停电事件（Ⅱ级）

（1）区域性电网减供负荷 10％以上、30％以下。

（2）全省电网减供负荷 13％以上、30％以下。

（3）广州、深圳市电网减供负荷 40％以上、60％以下，或 50％以上、70％以下供电用户停电。

（4）电网负荷 600 兆瓦以上的其他设区的市减供负荷 60％以上，或 70％以上供电用户停电。

3. 较大大面积停电事件（Ⅲ级）

（1）区域性电网减供负荷 7％以上、10％以下。

（2）全省电网减供负荷 10％以上、13％以下。

（3）广州、深圳市电网减供负荷 20％以上、40％以下，或 30％以上、50％以下供电用户停电。

（4）其他设区的市减供负荷 40％以上（电网负荷 600 兆瓦以上的，减供负荷 40％以上、60％以下），或 50％以上供电用户停电（电网负荷 600 兆瓦以上的，50％以上、70％以下）。

（5）电网负荷 150 兆瓦以上的县级市减供负荷

60％以上，或 70％以上供电用户停电。

4. 一般大面积停电事件（Ⅳ级）

（1）区域性电网减供负荷 4％以上、7％以下。

（2）全省电网减供负荷 5％以上、10％以下。

（3）广州、深圳市电网减供负荷 10％以上、20％以下，或 15％以上、30％以下供电用户停电。

（4）其他设区的市减供负荷 20％以上、40％以下，或 30％以上、50％以下供电用户停电。

（5）县级市减供负荷 40％以上（电网负荷 150 兆瓦以上的，减供负荷 40％以上、60％以下），或 50％以上供电用户停电（电网负荷 150 兆瓦以上的，50％以上、70％以下）。

2 组 织 体 系

本部分共 5 条，主要规定了在国家层面、地方层面、现场层面应急组织机构，以及电力企业应急组织机构的建立和专家组组成。

2.1 国家层面组织指挥机构

【预案原文】

能源局负责大面积停电事件应对的指导协调和组织管理工作。当发生重大、特别重大大面积停电事件时，能源局或事发地省级人民政府按程序报请国务院批准，或根据国务院领导同志指示，成立国务院工作组，负责指导、协调、支持有关地方人民政府开展大面积停电事件应对工作。必要时，由国务院或国务院授权发展改革委成立国家大面积停电事件应急指挥部，统一领导、组织和指挥大面积停电事件应对工作。应急指挥部组成及工作组职责见附件 2。

【法规依据】

1. 《中华人民共和国突发事件应对法》

第八条　国务院在总理领导下研究、决定和部署特别重大突发事件的应对工作；根据实际需要，设立国家突发事件应急指挥机构，负责突发事件应对工作；必要时，国务院可以派出工作组指导有关工作。

2.《电力安全事故应急处置和调查处理条例》

第四条　国务院电力监管机构应当加强电力安全监督管理，依法建立健全事故应急处置和调查处理的各项制度，组织或者参与事故的调查处理。

国务院电力监管机构、国务院能源主管部门和国务院其他有关部门、地方人民政府及有关部门按照国家规定的权限和程序，组织、协调、参与事故的应急处置工作。

3.《国家突发公共事件总体应急预案》

2.1　领导机构

国务院是突发公共事件应急管理工作的最高行政领导机构。在国务院总理领导下，由国务院常务会议和国家相关突发公共事件应急指挥机构（以下简称相关应急指挥机构）负责突发公共事件的应急管理工作；必要时，派出国务院工作组指导有关工作。

2.2　办事机构

国务院办公厅设国务院应急管理办公室，履行值守应急、信息汇总和综合协调职责，发挥运转枢纽作用。

2.3　工作机构

国务院有关部门依据有关法律、行政法规和各自的职责，负责相关类别突发公共事件的应急管理工作。具体负责相关类别的突发公共事件专项和部门应急预案的起草与实施，贯彻落实国务院有关决定事项。

【解读】

1. 国家层面应对突发事件工作组织体系的总体规定

关于突发事件应急指挥机构，根据应对突发事件的实际需要，国务院设立国家突发事件应急指挥机构，统一领导突发事件应对工作。必要时，国务院可以派出工作组指导有关工作。如国家设立的国家防汛抗旱总指挥部、国家森林防火总指挥部、国家抗震救灾总指挥部、重大工业事故国家救灾总指挥部等常设机构，或者在应对自然灾害和事故灾难时成立的临时指挥部或向地方省市派出的国务院工作组。

2. 国家能源局及派出机构应急工作职责依据

国家能源局负责大面积停电事件应对的指导协调和组织管理工作，主要依据和组织管理体系如下：

（1）2013年国家能源局"三定"方案明确，国家能源局负责电力安全生产监督管理、可靠性管理和电力应急工作，制定除核安全外的电力运行安全、电力建设工程施工安全、工程质量安全监督管理办法并组织监督实施，组织实施依法设定的行政许可。依法组织或参与电力生产安全事故调查处理。

（2）2015年《国务院安全生产委员会成员单位安全生产工作职责分工》第二十八条第五款规定，国家能源局"负责电力安全生产监督管理、可靠性管理和电力应急工作，制定除核安全外的电力运行安全、电力建设工程施工安全、工程质量安全监督管理办法并组织监督实施，组织实施依法设定的行政许可，负责水电站大坝的安全监督管理。指导和监督电力行业安全生产教育培训考核工作，组织电力安全生产新技术的推广应用。"

（3）按照《中央编办关于国家能源局派出机构设置的通知》，国家能源局在华北、东北、西北、华东、华中、南方设置 6 个区域监管局，在山西、山东、甘肃、新疆、浙江、江苏、福建、河南、湖南、四川、云南、贵州 12 个省（自治区）设立监管办公室。国家能源局派出机构作为国家能源局垂直管理单位，依照法规和授权对电力企业实施应急管理工作。

大面积停电事件应急预案体系如图 1 所示。

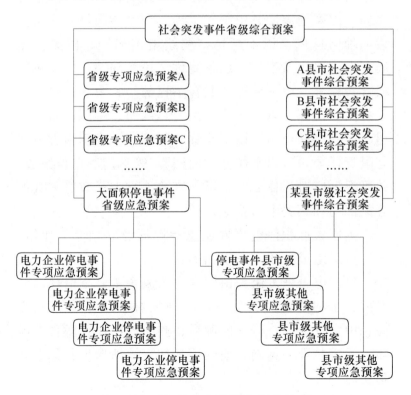

图 1　大面积停电事件应急预案体系

3. 应急指挥部组成及工作组职责说明

国家大面积停电事件应急指挥部主要由国家发改委、中央宣传部（新闻办公室）、中共中央网络安全和信息化领导小组办公室（以下简称"中央网信办"）、工业和信息化部（以下简称"工信部"）、公安部、民政部、财政部、国土资源部、住房和城乡建设部、交通运输部、水利部、商务部、国有资产监督管理委员会（以下简称"国资委"）、国家新闻出版广电总局、国家安全生产监督管理总局（以下简称"国家安监局"）、国家林业局、国家地震局、中国气象局、国家能源局、国家测绘地理信息局（以下简称"测绘地信局"）、国家铁路局、中国民用航空局（以下简称"民航局"）、中央军委联合参谋部（以下简称"联合参谋部"）、中国人民武装警察部队总部（以下简称"武警总部"）、中国铁路总公司、国家电网公司（以下简称"国网"）、中国南方电网有限责任公司（以下简称"南网"）等部门和单位组成，并可根据应对工作需要，增加有关地方人民政府、其他有关部门和相关电力企业。

国家大面积停电事件应急指挥部设立相应工作组，各工作组组成及职责分工如下：

（1）电力恢复组：由国家发改委牵头，工信部、公安部、水利部、国家安监局、国家林业局、国家地震局、中国气象局、国家能源局、测绘地信局、联合参谋部、武警总部、国网、南网等参加，视情增加其他电力企业。

主要职责：组织进行技术研判，开展事态分析；组织电力抢修恢复工作，尽快恢复受影响区域供电工作；负责重要电力用户、重点区域的临时供电保障；负责组织跨区域的电力应急抢修恢复协调工作；协调军队、武警有关力量参与应对。

（2）新闻宣传组：由中央宣传部牵头，中央网信办、国家发改委、工信部、国家新闻出版广电总局、公安部、国家安监局、国家能源局等参加。

主要职责：组织开展事件进展、应急工作情况等权威信息发布，加强新闻宣传报道；收集分析国内外舆情和社会公众动态，加强媒体、电信和互联网管理，正确引导舆论；及时澄清不实信息，回应社会关切。

（3）综合保障组：由国家发改委牵头，工信部、公安部、民政部、财政部、国土资源部、住房和城乡建设部、交通运输部、水利部、商务部、国资委、国家新闻出版广电总局、国家能源局、国家铁路局、民航局、中国铁路总公司、国网、南网等参加，视情增加其他电力企业。

主要职责：对大面积停电事件受灾情况进行核实，指导恢复电力抢修方案，落实人员、资金和物资；组织做好应急救援装备物资及生产生活物资的紧急生产、储备调拨和紧急配送工作；及时组织调运重要生活必需品，保障群众基本生活和市场供应；维护供水、供气、供热、通信、广播电视等设施正常运行；维护铁路、道路、水路、民航等基本交通运行；组织开展事件处置评估。

（4）社会稳定组：由公安部牵头，中央网信办、国家发改委、工信部、民政部、交通运输部、商务部、国家能源局、联合参谋部、武警总部等参加。

主要职责：加强受影响地区社会治安管理，严厉打击借机传播谣言制造社会恐慌，以及趁机盗窃、抢劫、哄抢等违法犯罪行为；加强转移人员安置点、救灾物资存放点等重点地区治安管控；加强对重要生活必需品等商品的市场监管和调控，打击囤积居奇行为；加强对重点区域、重点单位的警戒；做好受影响人员与涉事单位、地方人民政府及有关部门矛盾纠纷化解等工作，切实维护社会稳定。

国家大面积停电事件应急指挥部组织体系如图2所示，新《预案》与原《预案》应急指挥部门职责对照表见表2。

【案例思考】

2008年5月12日四川汶川发生的特大地震灾害，使当地人民生命和财产遭受巨大损失，同时也对四川、甘肃、陕西、重庆等地区的电力系统造成不同程度的影响。此次地震灾害对绵阳、德阳、广元、阿坝州及成都等5个地区、共54个县区的供电造成较大影响。灾情发生后，党中央、国务院反应迅速、科学决策、周密部署，当时负责电力应急工作的国家电监会派出两个工作组，由两位副主席带队，分别赶赴四川、甘肃、陕西灾区，实地了解因地震灾害造成的电力设施损毁和水电站大坝安全情况，并与当地政府沟通、协调，督促指导电力企业抗灾保电和电力安全生产工作。

新《预案》强调属地指挥为主，国家层面突出指导

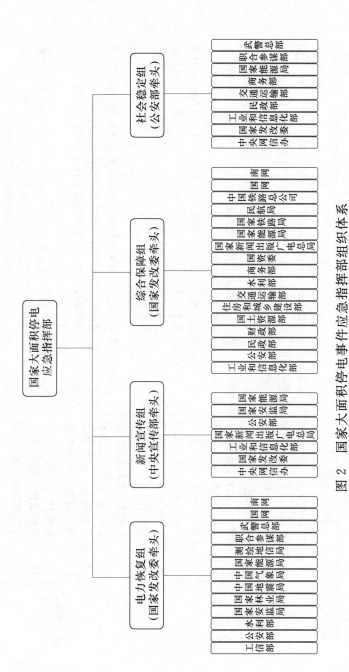

图 2 国家大面积停电事件应急指挥部组织体系

表 2　新预案与原《预案》应急指挥部组成部门职责对照表

预案简称	应急指挥部组成	主　要　职　责
原《预案》	电网与供电恢复：发生Ⅰ级停电事件后，电力调度机构和有关电力企业要尽快恢复电网运行和电力应急。 社会应急：发生Ⅰ级停电事件后，受影响或受波及的地方各级政府，各有关部门、各类电力用户要按职责分工立即行动，组织开展社会停电应急救援与处置工作。	在电网恢复过程中，电力调度机构负责协调电网、电厂、用户之间的电气操作、机组启动、用电恢复，保证电网安全稳定留有必要裕度。在条件具备时，优先恢复重点地区、重要城市、重要用户的电力供应。在电网恢复过程中，各发电厂严格按照电力调度命令恢复机组并网运行，调整发电出力。在供电恢复过程中，各电力用户严格按照调度计划分时分步地恢复用电。 对停电后易造成重大影响和生命财产损失的单位、设施等电力用户，按照有关技术要求迅速启动保安电源，避免造成更大影响和损失。电力企业迅速组织抢险救灾，修复被损电力设施，恢复灾区电力供应工作。
新《预案》	电力恢复组：由国家发改委牵头、工信部、公安部、水利部、国家安监局、国家林业局、中国地震局、中国气象局、国家能源局、测绘地信局、国家参谋部、武警总部、国网、南网等参加，视情增加其他电力企业。	组织进行技术研判，开展事态分析；组织电力抢修恢复工作，尽快恢复受影响区域供电工作，重点区域的临时供电保障；负责组织跨区域的电力应急抢修恢复工作，协调工作；负责重要电力用户、重点区域电力应急抢修恢复工作，武警有关力量参与应对。 组织开展事件进度，应急工作情况等权威信息发布，加强新闻宣传报道；收集分析国内外舆情和社会公众动态，加强媒体、电信和互联网管理，正确引导舆论，及时澄清不实信息，回应社会关切。

预案简称	应急指挥部组成	主要职责
	新闻宣传组：由中央宣传部（新闻办公室）牵头，中央网信办、国家发改委、工信部、公安部、国家新闻出版广电总局、国家能源局等参加。综合保障组：由国家发改委牵头，工信部、公安部、民政部、财政部、国土资源部、住房和城乡建设部、交通运输部、水利部、商务部、国资委、国家新闻出版广电总局、国家能源局、国家铁路局、中国铁路总公司、民航局、南网等参加，视情增加其他电力企业。	对大面积停电事件受灾情况进行核实，指导恢复复电力抢修方案，落实人员，资金和物资，储备和紧急调拨应急救援装备及生产生活物资的紧急生产，及时组织紧急调运重要生活必需品；保障群众基本生活和市场供应；维护供水、供气、供热、通信、广播电视等设施正常运行；维护铁路、道路、水路、民航等基本交通运行；组织开展事件处置评估。
新《预案》	社会稳定组：由公安部牵头、中央网信办、工信部、民政部、交通运输部、商务部、国家能源部、武警总部等参加，联合参谋部等参加。	加强受影响地区社会治安管理，严厉打击打借机传播谣言制造社会恐慌，以及趁机盗窃、抢劫、哄抢等违法犯罪行为；加强转移人员安置点、救灾物资存放点等重点地区治安管控；加强对重要生活必需品等商品的市场监管和调控，打击囤积居奇行为，加强对重点区域、重点单位的警戒；做好受影响人员与涉事单位、地方人民政府及有关部门矛盾纠纷化解等工作，切实维护社会稳定

和协调作用，在对新《预案》的理解和执行过程中，尤其是各级地方人民政府在新《预案》的指导下编制辖区"大面积停电事件应急预案"时，要特别注意避免以下几个误区：

发生重大大面积停电事件时，省级人民政府应急组织指挥机构对大面积停电事件进行统一指挥。当国务院向事件发生地派出工作组时，工作组的主要职责是指导、支持和协调属地应急组织指挥机构的指挥工作，此时，统一指挥权仍在省级大面积停电事件应急组织指挥机构，并未移交。同样，当发生较大或一般大面积停电事件时，事发地省级人民政府可向事发地市县派出工作组，工作组的主要职责也是指导、支持和协调属地应急组织指挥机构的统一指挥工作。只有当应急处置过程中因事件影响扩大或其他因素导致响应升级，才会依照相关应急预案将统一指挥权移交给上级人民政府的应急组织指挥中心，初始事发地应急组织指挥机构在上级应急组织指挥中心的统一指挥下开展应急处置工作。

2.2　地方层面组织指挥机构

【预案原文】

县级以上地方人民政府负责指挥、协调本行政区域内大面积停电事件应对工作，要结合本地实际，明确相应组织指挥机构，建立健全应急联动机制。

发生跨行政区域的大面积停电事件时，有关地方人民政府应根据需要建立跨区域大面积停电事件应急合作机制。

【法规依据】

《中华人民共和国突发事件应对法》

第七条 县级人民政府对本行政区域内突发事件的应对工作负责；涉及两个以上行政区域的，由有关行政区域共同的上一级人民政府负责，或者由各有关行政区域的上一级人民政府共同负责。

第八条 县级以上地方各级人民政府设立由本级人民政府主要负责人、相关部门负责人、驻当地中国人民解放军和中国人民武装警察部队有关负责人组成的突发事件应急指挥机构，统一领导、协调本级人民政府各有关部门和下级人民政府开展突发事件应对工作；根据实际需要，设立相关类别突发事件应急指挥机构，组织、协调、指挥突发事件应对工作。

第九条 国务院和县级以上地方各级人民政府是突发事件应对工作的行政领导机关，其办事机构及具体职责由国务院规定。

【解读】

1. 地方层面应对突发事件工作组织体系的总体规定

除上文的相关法规规定外，突发事件发生后，发生地县级人民政府应当立即采取措施控制事态发展，组织开展应急救援和处置工作，并立即向上一级人民政府报告，必要时可以越级上报。突发事件发生地县级人民政府不能消除或者不能有效控制突发事件引起的严重社会危害的，应当及时向上级人民政府报告。上级人民政府应当及时采取措施，统一领导应急处置工作。上级人民政府主管部门应当在各自职责范围内，指导、协助下级人民政府及其相应部门做好有关突发事件的应对工作。

关于地方突发事件应对领导机构，地方各级人民政府是本行政区域突发公共事件应急管理工作的行政领导机构，负责本行政区域各类突发公共事件的应对工作。地方性突发事件由县级以上地方人民政府设立的突发事件应急指挥机构负责处置。县级以上地方人民政府设立的突发事件应急指挥机构形式上属于政府处理突发事件应对工作的议事、协调机构，负责统一领导、协调本级人民政府各有关部门和下级人民政府开展有关突发事件的应对工作。突发事件应急指挥机构由人民政府主要负责人、相关部门负责人、中国人民解放军和中国人民武装警察部队有关负责人组成。必要时，突发事件发生地的县级以上地方人民政府可以临时设立现场应急指挥机构，统一组织、协调、指挥现场应急处置工作。

关于相关类别突发事件应急指挥机构，县级以上地方人民政府根据需要设立相关类别突发事件应急指挥机构，组织、协调、指挥突发事件应对工作。

2. 应急联动机制和区域应急合作机制

应急联动机制是指在应急管理过程中，为科学、高效地应对突发事件，由跨地域、跨行政区划、跨行业、跨部门的应急处置相关方建立起的各方一致遵循的规则和程序，具体包括但不限于预防预警机制、信息共享机制、指挥协调机制、资源调配机制、区域合作机制等。

电力系统运行具有网络特性和发输供用同时瞬间完成的物理特性，发生大面积停电事件可能涉及多个省（自治区、直辖市）、市、县，需要特别建立跨行政区域的应急合作机制，以达到最快速度应急响应，最大程度优化资源配置的目的。跨区域应急合作机制既包含日常应急管理工作合作机制，也包含应急处置过程中的应急联动机制，由地市级和省级人民政府牵头组织建立。

2016年7月29日，国务院应急办印发《关于加强跨区域应急管理合作的意见》，对进一步加强跨区域应急管理合作机制提出要求，要求如下：

（1）完善跨区域应急管理合作布局。要按照"一带一路"、京津冀协同发展、长江经济带三大战略布局，泛珠三角、长三角、环渤海区域合作要求，以及西部大开发、东北老工业基地振兴、中部崛起、东部率先发展部署，加强相关省级政府应急管理机构及部门间的应急管理合作，积极推动基层毗邻地区和我国与周边国家地区的应急管理合作，同时针对区域共同面临的公共安全风险，加强专业领域的跨区域应急管理合作，努力构建适应区域协同发展和公共安全形势需要的跨区域应急管理合作格局。

（2）拓宽跨区域应急管理合作范围。根据突发事件防范应对工作需要，加强预警信息通报、应急处置联动和应急平台互联互通，探索建立跨区域联合应急指挥机制，开展联合应急演练、培训交流等。

（3）健全跨区域应急管理合作机制。积极协调将政府应急管理合作纳入政府间的区域合作框架，合作机制成员单位要共同签订合作协议，组织编制跨区域突发事件应急预案，强化跨区域应急管理合作的约束力。

（4）完善相关法律法规和政策。有关方面在制订、修订与突发事件应对相关法律法规以及编制相关规划时，要研究增加跨区域应急管理合作有关要求和内容，同时建立健全紧急情况下社会物资、运输工具、设施设备等应急资源的征用补偿政策，明确补偿标准。

（5）建立健全跨区域应急管理合作日常工作机制。原则上以合作机制牵头单位为依托设立秘书处，各成员单位要明确联络人，相关合作机制要制定年度工作计划，每年至少召开一次联席会议，每三年至少开展一次联合应急演练。

【案例思考】

1.《北京市、天津市、河北省应急管理工作合作协议》主要内容

根据协议，在应急预警方面，今后京津冀三地将建立各级应急管理机构之间的常态信息交流机制，对本市（省）发生的、可能会波及其他市（省）的突发事件，第一时间向相关方通报准确情况，并及时、有效地开展联合处置。充分发挥三地监测预警体系的作用，根据需要联合建立风险管理体系和危险源、危险区域的管理制度，健全安全隐患排查整改工作机制。在遇到突发事件时，结合三地共性突发事件风险，研究提出对策建议，共同做好突发事件预防工作。全力推进应急联合指挥机制建设，通过组织跨区域应急联合演练，强化协调配合，提高应急处置实战能力。

在应急事件处置方面，三地在与国务院应急平台互联互通的基础上，进一步优化和完善技术系统，优先实现视频会议、有线通信和应急移动指挥等方面的互联互通，提升资源共享和应急响应效率。联合编制相关应急预案，做到应对工作的无缝衔接。

三地原则上每年举行一次跨区域综合应急演练，完善指挥机制和处置程序，提高快速反应能力。三地将强化培训工作合作交流，在应急管理干部、应急救援力量知识培训方面实现共享共用。同时，加强三地应急队伍、物资、避难场所、专家等数据信息共享和应急产业项目开发，逐步实现数据管理系统的对接，提高区域公共安全科技水平。

京津冀三地还将建立联席会议、合作交流和联合应急指挥机制。

2.《广东省大面积停电事件应急预案》关于应急联动的有关规定

（1）县级以上各级人民政府要建立健全"政府、部门分级协调，部门、企业分级联动"的应急联动机制。各级人民政府大面积停电事件应急指挥机构成员单位，特别是交通、通信、供水、供电、供油及教育、医疗卫生、金融等重要行业主管部门要建立部门间应急联动机制，并积极协调、推动相关重点企业之间建立应急联动机制。

（2）应急联动机制主要包括应急联络对接机制、重点目标保障机制、应急信息共享机制、应急处置联动机制、应急预案衔接机制、应急演练协调机制等。

（3）发生大面积停电事件，相关重点企业按照应急联动机制及时启动应急响应。必要时，由相关行业主管部门按照部门间应急联动机制协调处置，或报请本级人民政府大面积停电事件应急指挥机构协调解决。

2.3 现场指挥机构

【预案原文】

负责大面积停电事件应对的人民政府根据需要成立现场指挥部，负责现场组织指挥工作。参与现场处置的有关单位和人员应服从现场指挥部的统一指挥。

【法规依据】

1.《中华人民共和国突发事件应对法》

第四条 国家建立统一领导、综合协调、分类管理、分级负责、属地管理为主的应急管理体制。

2.《国家突发公共事件总体应急预案》

3.2.3 应急响应

对于先期处置未能有效控制事态的特别重大突发公共事件，要及时启动相关预案，由国务院相关应急指挥机构或国务院工作组统一指挥或指导有关地区、部门开展处置工作。

【解读】

1. 成立现场指挥机构的必要性

（1）保障执行指挥机构的战略权威性，负责监督、落实指挥中心决策的执行。

（2）保障执行指挥机构的行政权威性，全面调度现场的人力、资源及其他后勤保障。

（3）必要时建立信息传递的越级快捷通道，迅速修正响应级别及关键决策信息的传达。

（4）保障执行指挥机构的执行专业性，应急现场情况瞬息万变，预先准备的现场处置预案难以全面覆盖，这时，现场指挥部的专家应发挥关键作用，指导现场执行人员科学作业、专业作业，避免衍生灾害及不必要的人员伤亡和设备损失。

2. 现场指挥部牵头单位的确定

负责事件应对的地方人民政府负责牵头建立现场指挥部。我国目前没有类似于国外的专业现场指挥官职业经理人角色，现场指挥部以联合指挥的形式组成。为避免授权不足或职责不明造成现场指挥权无法有效行使的问题，现场指挥部的组建应充分考虑战略权威性、行政权威性、专业权威性以及制度权威性。

3. 现场指挥部的工作要点

（1）明确指挥权。在预先定义战略执行规则、行政授权规则、专业决策规则的前提下，现场指挥权不受其他因素的影响和干预，保障指挥的有效性和担当性。

（2）强调规范管理。依据相关国家标准及预案设立现场指挥中心，对中心的选址、空间布局、物理环境、人员出入、信息流转、设施摆放等进行有序管制，保障现场指挥中心安全有序地工作。

（3）强调共享信息。现场指挥部一方牵头，多方参与，各个职能部门可能有其专业特定的信息来源及判别手段，指挥部应利用一切条件实现信息的全面共享以利于现场决策和执行。一方面，要充分利用现代信息技术手段整合数据，汇聚各方信息的显示界面；另一方面，各参与部门要从思想认识上打破条块分割的意识，以信息就是时间、信息就是生命的原则开放各自拥有的数据和信息。

（4）强调协同执行。各方应急资源及队伍优先受现场指挥部调派，现场指挥部在做执行调度时，应统一兼顾人力资源、设备资源、专业知识资源及技术经济民生指标，进行协同调度，有序管理。

现场应急指挥典型组织机构示意图如图3所示。

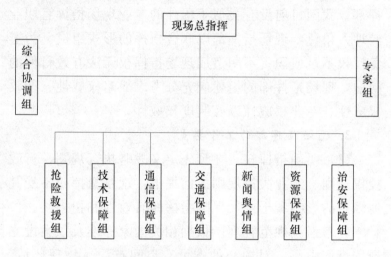

图3　现场应急指挥典型组织机构示意图

【案例思考】

1. 现场组织指挥机构与统一指挥的关系

（1）现场指挥部是应急指挥中心的延伸。

（2）一个应急指挥中心可以下设多个现场指挥部。

（3）任一个现场指挥部同时只对应单个应急指挥中心。

基于以上三个原则，在各层级应急指挥中心保证统一指挥、分工处置的情况下，现场指挥部也能良好地融合进突发事件应急处置的统一指挥体系中。

现场指挥部与应急指挥中心的对应关系如图 4 所示。

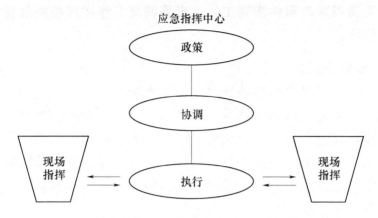

图 4　现场指挥部与应急指挥中心的对应关系

2. 大面积停电事件现场指挥机构的设置特点

电网的跨地域，网格化属性决定了大面积停电事件影响范围广，需要进行分级属地化处置。大面积停电事件的现场指挥部设置往往具有以下特点：

（1）多个现场指挥部，跨地域分布。

（2）因大面积停电次生和衍生的社会影响形态不同，各现场指挥部的处置任务特性也会不同。

（3）各现场指挥部作为同级应急指挥部的组成部分，有权自主处置、先期处置，但当上级应急指挥部至现场接管指挥权后，现场指挥部升级为上级应急指挥部的组成部分。

2.4　电力企业

【预案原文】

电力企业（包括电网企业、发电企业等，下同）建立健全应急指挥机构，在政府组织指挥机构领导下开展大面积停电事件应对工作。电网调度工作按照相关规程执行。

【法规依据】

1.《中华人民共和国安全生产法》

第七十六条　国家加强生产安全事故应急能力建设，在重点行业、领域建立应急救援基地和应急救援队伍，鼓励生产经营单位和其他社会力量建立应急救援队伍，配备相应的应急救援装备和物资，提高应急救援的专业化水平。

第七十八条　生产经营单位应当制定本单位生产安全事故应急救援预案，与所在地县级以上地方人民政府组织制定的生产安全事故应急救援预案相衔接，并定期组织演练。

2.《电力安全事故应急处置和调查处理条例》

第六条　事故发生后，电力企业和其他有关单位应当按照规定及时、准确报告事故情况，开展应急处置工作，防止事故扩大，减轻事故损害。电力企业应当尽快恢复电力生产、电网运行和电力（热力）正常供应。

第十三条　电力企业应当按照国家有关规定，制定本企业事故应急预案。

3.《电网调度管理条例》

第十八条　出现下列紧急情况之一的，值班调度人员可以调整日发电、供电调度计划，发布限电、调整发电厂功率、开或者停发电机组等指令；可以向本电网内的发电厂、变电站的运行值班单位发布调度指令：

（1）发电、供电设备发生重大事故或者电网发生事故。

（2）电网频率或者电压超过规定范围。

（3）输变电设备负载超过规定值。

（4）主干线路功率值超过规定的稳定限额。

（5）其他威胁电网安全运行的紧急情况。

第十九条　省级电网管理部门、省辖市级电网管理部门、县级电网管理部门应当根据本级人民政府的生产调度部门的要求、用户的特点和电网安全运行的需要，提出事故及超计划用电的限电序位表，经本级人民政府的生产调度部门审核，报本级人民政府批准后，由调度机构执行。

【解读】

（1）从社会责任来看，电力企业建立健全应急指挥机构是相关法规和条例的要求。《电力安全事故应急处置和调查处理条例》第十三条规定中对电力企业应急预案编制、应急救援队伍建设和应急物资储备工作提出了要求。事故造成大面积停电时，应根据相应的国家或地方大面积停电事件应急预案启动条件启动应急响应，开展应急处置。

（2）从大面积停电事件应急处置职责来看，电力企业应作为电力安全生产的责任主体，受政府组织机构领导开展大面积停电事件应对工作。大面积停电事件的主要影响是电网故障造成电力供应的中断从而引发大范围社会风险，因此，防范事故延展，及时恢复供电是电力企业最主要的工作，但对大面积停电的事件分级、响应分级以及处置措施的决定，都要基于停电造成的社会影响的分析，这就决定了在大面积停电事件处置中，由人民政府始终统一指挥而电力企业进行专项处置。

（3）从大面积停电事件应急处置的专业性来看，应急处置的具体执行必须遵从电力生产的相关规约。2015年国家发改委公布的《电力安全生产监督管理办法》（国家发改委2015年21号令）第八条关于电力企业应当履行的电力安全生产职责中规定：电力企业应当建立电力应急管理体系，健全协调联动机制，制定各级各类应急预案并开展应急演练，建设应急救援队伍，完善应急物资储备制度。

【案例思考】

2006年，华中（河南）电网发生事故，造成河南省电网多条500千伏、220千伏线路跳闸，多台发电机组退出运行，区域系统发生振荡。事故发生后，国家电力调度中心、华中电网调度中心和河南省调度中心及时果断采取措施，防止了事故进一步扩大，成功地避免了一次大面积停电事件的发生。主要经验有以下三条：

（1）调度判断准确，处置果断。事故发生后，河南省电力调度中心判断准确，处置果断，指挥有效，迅速平息系统振荡，精心组织电网恢复和供电恢复，各地区调度配合省调，保持负荷恒定，维持电压水平。

（2）应急预案发挥了重要作用。河南省电力公司按照《国家处置电网大面积停电事件应急预案》等应急管理的要求，认真组织编制了各级、各类应急预案。特别针对华中电网的薄弱环节专门组织过预案演练，使调度值班员在面对突发事故时能够沉着应对、正确处置，防止了事故的进一步扩大。

（3）厂网密切配合，为事故处理提供保障、创造条件。各发电厂在事故处理过程中以高度的责任感密切配合电网企业，严格执行调度命令，全力协助事故处理，反应迅速，及时起停机组，调整负荷，为事故处理赢得了时间、创造了条件。

近年来，随着电力市场化改革的深化和智能电网技术的快速发展，国内发达地区部分省级电网公司开展了"大规模源网荷友好互动系统"的实践运用工作。其中从毫秒级到秒级的电网电源—网络—负荷的快速调控机制大大提高了电网对灾难性扰动的承受能力，从而阻断了大面积停电事件的发生，这一机制需要电网和发电企业具有极高的运行技术和设施设备支撑，是比较典型的为提高全社会供电可靠性的公益性行为，值得进一步深化研究，大力推广。

2.5　专家组

【预案原文】

各级组织指挥机构根据需要成立大面积停电事件应急专家组，成员由电力、气象、地质、水文等领域相关专家组成，对大面积停电事件应对工作提供技术咨询和建议。

【法规依据】

1.《中华人民共和国突发事件应对法》

第四十条　县级以上地方各级人民政府应当及时汇总分析突发事件隐患和预警信息，必要时组织相关部门、专业技术人员、专家学者进行会商，对发生突发事件的可能性及其可能造成的影响进行评估；认为可能发生重大或者特别重大突发事件的，应当立即向上级人民政府报告，并向上级人民政府有关部门、当地驻军和可能受到危害的毗邻或者相关地区的人民政府通报。

2.《国家突发公共事件总体应急预案》

2.5　国务院和各应急管理机构建立各类专业人才库，可以根据实际需要聘请有关专家组成专家组，为应急管理提供决策建议，必要时参加突发公共事件的应急处置工作。

【解读】

电力应急事件专家组是为电力应急管理重大决策和重要工作提供专业支持和咨询服务，为大面积停电事件应急处置提供技术支撑的高级技术专家队伍。

专家组应承担的主要任务包括：参与电力应急管理方面的法律法规、政策、标准、规范、规划、预案等的制（修）订工作；参与电力应急管理重大问题的专题调研、技术咨询、学术交流和重要课题研究；参加大面积停电事件应急处置辅助决策工作；参与电力应急管理和应急处置工作评估。

由于自然灾害是引发大面积停电的主要因素，气象、地质、水文三个领域专家成为除电力行业专家之外的主要专家力量。2012 年，原国家电监会依托全国电力安全生产专家委员会成立电力应急专业小组，专家分别来自相关部委、电力企业、科研机构、高等院校，专业涵盖电力调度、安全监察、火力水力发电、水电站大坝安全、气象预警、地质灾害防范、应急管理等，专家小组制定了工作规则，定期组织召开会议，研讨电力应急管理工作，在发生电力突发事件时，及时提供技术支持。目前，国家能源局正在建设专业涵盖面更广、水平更高、人员更精练的应急专家队伍，进一步增强大面积停电应急处置的专家技术力量。

【案例思考】

2008 年汶川地震发生后，由于通信中断，电力系统在岷江上游有 26 座中型以上水电站全部失去联系，这些水电站的大坝的日常检测数据已无法正常传输，也无法开展远程监测，根据地震灾害破坏情况推测，部分水电站受损严重，泄洪闸门无法打开，一旦发生垮坝事故，将对下游人民群众和救灾队伍生命构成严重威胁。救灾现场指挥部紧急组织水电站大坝专家，会商解决方案，通过遥感卫星图像和乘坐部队直升机目测方式，逐个分析大坝受损情况和安全风险，制定应急处置方案，保证了大坝安全泄洪，充分体现了专家组在应急处置中的关键作用。

3　监测预警和信息报告

本部分共 3 条 3 款，主要规定了监测和风险分析，预警信息发布、预警行动、预警解除，信息报告等方面内容。

3.1　监测和风险分析

【预案原文】

电力企业要结合实际加强对重要电力设施设备运行、发电燃料供应等情况的监测，建立与气象、水利、林业、地震、公安、交通运输、国土资源、工业和信息化等部门的信息共享机制，及时分析各类情况对电力运行可能造成的影响，预估可能影响的范围和程度。

【法规依据】

1.《中华人民共和国突发事件应对法》

第十八条　应急预案应当根据本法和其他有关法律、法规的规定，针对突发事件的性质、特点和可能造成的社会危害，具体规定突发事件应急管理工作的组织指挥体系与职责和突发事件的预防与预警机制、处置程序、应急保障措施以及事后恢复与重建措施等内容。

第二十条　县级人民政府应当对本行政区域内容易

引发自然灾害、事故灾难和公共卫生事件的危险源、危险区域进行调查、登记、风险评估，定期进行检查、监控，并责令有关单位采取安全防范措施。

省级和设区的市级人民政府应当对本行政区域内容易引发特别重大、重大突发事件的危险源、危险区域进行调查、登记、风险评估，组织进行检查、监控，并责令有关单位采取安全防范措施。

县级以上地方各级人民政府按照本法规定登记的危险源、危险区域，应当按照国家规定及时向社会公布。

第四十条　县级以上地方各级人民政府应当及时汇总分析突发事件隐患和预警信息，必要时组织相关部门、专业技术人员、专家学者进行会商，对发生突发事件的可能性及其可能造成的影响进行评估；认为可能发生重大或者特别重大突发事件的，应当立即向上级人民政府报告，并向上级人民政府有关部门、当地驻军和可能受到危害的毗邻或者相关地区的人民政府通报。

第四十一条　国家建立健全突发事件监测制度。

县级以上人民政府及其有关部门应当根据自然灾害、事故灾难和公共卫生事件的种类和特点，建立健全基础信息数据库，完善监测网络，划分监测区域，确定监测点，明确监测项目，提供必要的设备、设施，配备专职或者兼职人员，对可能发生的突发事件进行监测。

第四十二条　国家建立健全突发事件预警制度。

可以预警的自然灾害、事故灾难和公共卫生事件的预警级别，按照突发事件发生的紧急程度、发展势态和可能造成的危害程度分为一级、二级、三级和四级，分别用红色、橙色、黄色和蓝色标示，一级为最高级别。

预警级别的划分标准由国务院或者国务院确定的部门制定。

2. 《国家突发公共事件总体应急预案》

3.1 预测与预警

各地区、各部门要针对各种可能发生的突发公共事件，完善预测预警机制，建立预测预警系统，开展风险分析，做到早发现、早报告、早处置。

3.1.1 预警级别和发布

根据预测分析结果，对可能发生和可以预警的突发公共事件进行预警。预警级别依据突发公共事件可能造成的危害程度、紧急程度和发展势态，一般划分为四级：Ⅰ级（特别严重）、Ⅱ级（严重）、Ⅲ级（较重）和Ⅳ级（一般），依次用红色、橙色、黄色和蓝色表示。

预警信息包括突发公共事件的类别、预警级别、起始时间、可能影响范围、警示事项、应采取的措施和发布机关等。

预警信息的发布、调整和解除可通过广播、电视、报刊、通信、信息网络、警报器、宣传车或组织人员逐户通知等方式进行，对老、幼、病、残、孕等特殊人群以及学校等特殊场所和警报盲区应当采取有针对性的公告方式。

【解读】

1. 重要电力设施设备分类及监测

（1）新《预案》所指重要电力设施设备主要有以下几类。

1）重要发电设施：大容量的主力发电机组，对保障电网基本负荷，保障电网频率稳定，保障电网电压与潮流分布具有重要影响和意义。

2）重要变电设施：通常指主力发电厂的升压并网变电站和超高压、特高压骨干电网的高电压等级降压站。尤其对于负荷密集，主要依靠远距离外送电的大城市都市区，重要变电设施一旦出现问题将直接影响系统稳定运行并可能导致大面积停电。

3）重要骨干联络线：通常指对大电网运行承担重要作用的网间联络线。这类线路的故障会引发电网潮流的重新分布并有可能导致电网异步运行乃至解列，造成大面积停电。

4）重要的电力保障设备：通常是指发生故障后会显著引发电网连锁反应或降低电网鲁棒性的关键设备，以及其他涉及电网安全的关键电力设备。例如电网低频减载装置、继电保护设备、电网黑启动电源、重要电力用户的涉网配电装置等。

（2）对重要电力设施设备进行密切监测，有以下几点重要意义。

1）重要电力设施设备通常电压等级高，工作条件特殊，容易受到外界因素和电网运行工况的影响而产生缺陷或事故隐患，而一旦发生缺陷和事故，极有可能直接引发与设备本身直接相关的生命财产损失。

2）基于现代检验检测技术和电力电子技术的新型检测手段，能够通过声、光、电等媒介对物理形变、局部放电、气体泄漏、绝缘损伤等缺陷在发展为事故前预先感知，使通过加强监测预防事故成为可能。

3）大面积停电事件从缺陷到隐患到故障至引发一系列连锁反应而最终形成灾害性事件，有其自身发生、发展的规律和时间过程，在过程中先知先觉，防患于未然乃至亡羊补牢，控制事态发展都具有重大意义。

4）大部分重要电力设施设备同时也是电网正常运行时的主力设施设备，这些设施设备的运行工况对电网整体的运行效率有巨大的影响，通过加强对电网重要设施设备的监测，能有效提高电网运行效率，降低电价从而降低社会生产力发展的边际成本。

2. 发电燃料及监测

对通过蒸汽轮机或燃机轮机进行热能与电能转换的发电厂，依据燃料类型通常分为以下几种：

（1）燃煤电厂：锅炉燃烧煤粉，生产蒸汽进入蒸汽轮机发电。依照其分布通常分为坐落于煤矿附近的坑口电厂和坐落于工业发达地区的沿海、沿江电厂。通常100万千瓦（1000兆瓦）的燃煤机组年需耗煤150万吨左右，对运力的需求相当于每天一列重载单元列车的满载运量。

（2）燃油电厂：分以使用燃油锅炉生产蒸汽推动蒸汽轮机发电、使用燃油直接驱动燃气轮机发电、使用燃油内燃机驱动发电机发电。目前，我国运行机组中大功率燃油机组较少，而燃气轮机及内燃机发电通常作为重要备用电源广泛存在。

（3）燃气电厂：通常使用天然气直接驱动燃气轮机发电。近年来随着我国天然气探明储量的不断增加及几条战略输气管道的投运，更重要的是在东部地区压缩燃煤以减少雾霾的大背景下，燃气发电迎来了加速发展的机遇。

（4）核电厂：以放射性核反应材料为原料，其运输要求可以忽略不计，但核燃料的生产，储备，调运及核废料的处理属于高度管制的领域。

从以上分析可以看出，非坑口燃煤及燃油电厂的燃料消耗量大，既要监控电厂自身储备也要兼顾铁路运力、石油管线安全等供应链因素，对石油等进口占比大的战略资源还要对国际供需情况及产地区域政治经济形态进行监控。同样，天然气资源的储备和供应也事关负荷集中地区发电厂生产和黑启动备用电源的战略安全。而对核燃料的供应链监控主要事关国家战略安全和环境次生灾害，在此不做讨论。

3. 网络信息安全风险及监测

电力系统越来越依赖于信息网络来保障其安全、可靠、高效地运行，发、输、配、用无不从中受益匪浅。但同时，信息网络存在的安全隐患也给电力系统的运行带来了极大的威胁。尽管在信息安全方面的投入不断增长，但电力信息系统复杂度的增长本身也带来了更多的漏洞，一旦被恶意利用，后果不堪设想。

2015年12月23日，乌克兰电网遭遇突发停电事故。据媒体报道，本次停电事故由7个变电站开关动作引起，导致80000个用户停电，停电时间为3～6h不等。事故后，调查机构在电力调度通信网络中获取部分恶意软件的样本，结合停电过程的特征及影响，信息安全组织SANSICS于2016年1月9日明确宣称，本次事件确定为"网络协同攻击"造成的乌克兰电网停电事故。

过去，在研究电力系统信息安全问题时，往往将通信信息系统的问题简单归结为"信息扰动"或"二次系统扰动"，多从系统可用性的角度去分析信息通信基础架构可能会对电力物理系统运行造成的影响。但是，本次网络攻击事件的原理、手段及目标远远超出了信息扰动的范畴，很难将其归类为客观存在的概率性扰动，而是主观操作的计划性恶意攻击。该事件也被认为是人类历史上信息安全影响电力系统运行的里程碑事件。

一般意义上，网络攻击行为可能会影响电力监控系统的某些功能运行，但未必会进一步导致停电事故，只有当攻击穿透了信息域与物理域的边界，最终作用于电力物理系统并造成失负荷甚至连锁故障时，才可认为达到了攻击效果。因此，定义针对电力系统的网络协同攻击为：采用多元化的网络攻击手段，攻击发生于信息域并明确作用于物理域目标，从时间和空间上造成电力系统停电损失最大化的组合攻击行为。

乌克兰电厂遭袭事件再次证明了通过网络攻击手段

实现工业破坏是可实现的。此次事件敲响了警钟，未来的网络安全形势必将越来越严峻，需要相关各方严格部署网络安全措施，加强网络安全防范。

4. 信息共享机制

电力作为国民经济的基础行业，其生产、传输和消费与国民经济的其他管理部门密不可分。

（1）气象部门。我国幅员辽阔，南部，东南部及东部地区分属热带，亚热带及温带季风性气候，夏秋季受台风影响，冬春季又会受到降雪、冻雨等灾害性气候的影响，对电力系统安全稳定运行构成威胁。

（2）交通部门。首先，当前我国燃煤电厂发电量占电网总电量的60%以上，燃煤对公路铁路及航运的运能要求在年几十亿吨的规模，同时随着铁路网电气化水平的持续提升，担任运输主力的铁路系统也会受到大面积停电的重大影响；其次，在灾害发生时，运输系统承担着对于救灾抢险物资和设备的调运职能。因此，双方的信息互报和共享机制非常重要。

（3）水利部门。我国水电装机容量占全球四分之一，存在大量梯级全流域水电开发及巨型大坝工程。一方面，水利水文信息能帮助电网合理排产，生产更多水电；另一方面，综合利用水利水电工程，有效防灾，保障水电站大坝安全也具有举足轻重的意义；同时，在东部发达地区，合理安排黑启动抽水蓄能电站对电网战略安全及其重要。

（4）林业部门。与林业部门的协同主要应对的场景有两方面：一是发生大面积森林火灾时，因过火林区上空空气被高度热电离，会导致上方输电线路的相间短路或对地短路，成为引发大面积停电事件的隐患；二是超高压或特高压输电走廊途经林区段发生应急事件时，电力部门可能请求林业部门的协助，共享设备或开辟应急走廊。

（5）地震部门/国土资源部门。发生地震灾害时，电力设施既会受到自然灾害的严重影响，同时供电保障也是震后救援、震后恢复的优先前序保障因素。电力企业可以从地震部门获取重要的震区数据以判断对电网重要设施的影响程度，同时电网的负荷数据、杆塔数据等也是地震部门和救灾指挥机构进行受灾严重程度判断的重要依据。

（6）公安部门。如前文解读，大面积停电事件处置需要综合考虑民生及社会安全管理因素，而公安部门是相关信息的主要搜集与分析实体；公安部门同样需要实时掌握大面积停电事件发生时对涉及公共安全管理区域的影响，双方的信息共享机制非常关键。

（7）工业和信息化部门。工业和信息化部门掌管区域的宏观经济指标与动态经济运行态势。如前文解读中所阐述，大面积停电事件发生时的应急处置过程，实质上就是在信息约束、资源约束与时间约束的条件下进行的最优决策选择，其中社会技术经济指标是决策体系中的基础指标之一，因此，与工业和信息化部门信息共享的重要性不言而喻。

（8）政府网信部门。主要是国家计算机网络应急技术处理协调中心，简称国家互联网应急中心，是工信部领导下的国家级网络安全应急机构，致力于建设国家级的网络安全监测中心、预警中心、应急中心，以支撑政府主管部门履行网络安全相关的社会管理和公共服务职能，支持基础信息网络的安全防护和安全运行，支援重要信息系统的网络安全监测、预警和处置。

4. 信息共享机制的建立、分类与形式

建立科学有效的信息共享机制是提升国家大面积停电事件应对能力乃至社会其他突发事件应对能力的关键要素。应该本着政府牵头、部门主导、标准兼容、技术推进的原则建立信息共享机制。

（1）政府牵头。一方面，政府作为应急事件处置的主责方，有责任建立有效的信息共享机制；另一方面，前文解读中罗列的各信息共享主体部门，在横向不同程度与政府存在管辖或隶属的行政关系，政府具备建立信息共享机制的行政基础。

（2）部门主导。随着社会管理水平的进步，各行业各部门都建立了基于信息化平台的业务/政务管理系统。部门主导在这里有两方面的具体含义：一是各部门作为自身领域的信息/数据生产者应该着力提升精细化管理能力，采集整理更多有价值的专业数据；二是各部门作为相邻行业的数据消费者，应该及时明确地提出对于其他主管部门信息共享的需求，做到环环相扣、有的放矢。

（3）标准兼容。建立一个有效的信息共享体系，标准化与接口兼容的工作至关重要。一方面，不能强求各部门将业务流程完全相互整合，这将导致共享系统极其复杂，牵一发而动全身以至系统臃肿；另一方面也不能过于强调各子系统的自治而形成信息孤岛，无法有效共享。因此，在标准化与接口兼容的工作中应该制定合理粒度的业务功能模块，兼顾信息交互的通用性与灵活性。

（4）技术推进。要充分利用现代信息技术的成果提升信息共享机制的效率。例如，政府信息集成平台应该基于面向服务的架构（SOA）体系化设计；使用 Java、XML、WebService 等与平台、终端不相关的技术；在系统加密体系中引入面向对象、面向业务流程的加密管理方法和手段，实现信息的高效、安全共享。

【案例思考】

与其他社会突发事件的政府专项预案相比，大面积停电事件应急预案在预警级别的设置上有其特殊性，这是由电网独特的物理属性所决定的：一是电具有能量和信息的双重属性，电网覆盖范围广大，扰动以光速传导，千里之外的电网事故影响瞬间即至，不像气象灾难有小时或以日为单位的征兆后预警窗口，或者地震灾害振波传导期间的黄金 30 秒预警期；二是电网稳定的本质是发电机转子的电磁能和机械能的随时平衡，平衡一旦不能保持，瞬间就会引发电网解列的严重大面积停电事件，事件的演进过程时间很短，不像其他突发事件有较长的发生、发展和逐步恶化的演进时间过程。这些属性决定了大面积停电事件应急预案在预警级别设置上非常困难。

随着电网建模仿真和信息技术的发展，大面积停电事件的事前分级预警成为可能，主要考虑采用以下几种方式：

（1）系统脆弱度预警。建立电网运行脆弱度模型，通过对电网特征量的采集和模型仿真计算识别电网的脆弱点和脆弱度越限告警机制，并计算其可能的影响模式进行分级预警。

（2）趋势预警。建立电网运行趋势性指标采样体系，通过连续采样进行差分指标提取或建立函数模型进行求导计算，从而得到反映电网运行安全趋势的特征指标，通过指标比对进行分级预警。

（3）大数据识别。建立历史事件库并对事件库中的案例进行全方位，多维度的大数据信息构建和情景再现，包括但不限于事件的自然、社会、电网、人文等各方面的数据，在此基础上采用大数据技术进行电网当下状态的模式匹配，并对匹配情景进行分级预警。

3.2 预警

【预案原文】

3.2.1 预警信息发布

电力企业研判可能造成大面积停电事件时，要及时将有关情况报告受影响区域地方人民政府电力运行主管部门和能源局相关派出机构，提出预警信息发布建议，并视情通知重要电力用户。地方人民政府电力运行主管部门应及时组织研判，必要时报请当地人民政府批准后向社会公众发布预警，并通报同级其他相关部门和单位。当可能发生重大以上大面积停电事件时，中央电力企业同时报告能源局。

【法规依据】

《中华人民共和国突发事件应对法》。

第四十三条　可以预警的自然灾害、事故灾难或者公共卫生事件即将发生或者发生的可能性增大时，县级以上地方各级人民政府应当根据有关法律、行政法规和国务院规定的权限和程序，发布相应级别的警报，决定并宣布有关地区进入预警期，同时向上一级人民政府报告，必要时可以越级上报，并向当地驻军和可能受到危害的毗邻或者相关地区的人民政府通报。

【解读】

1. 大面积停电预警的相关主体

（1）人民政府。依照上文援引的法律法规规定，地方各级人民政府是预警信息发布的责任主体。

（2）电力企业。从风险信息的产生、收集、汇聚和分析的过程来看，电力企业是大面积停电事件风险信息的第一交汇点。电力企业应该加强对电网重要设施设备的监测，并能够在第一时间获取可能引发大面积停电事件的电网风险因素；通过建立信息共享等联动机制，电力企业也能够获取可能引发大面积停电事件的其他风险信息并通过其专业研判方法及时提出预警信息发布建议。

2. 大面积停电预警的特点

（1）动态性强，电网情况瞬息万变。

（2）影响面广，面向社会大众。

（3）涉及面多，面向各相关政府部门和行业领域。

（4）预警发布后，相关单位和人员及社会公众将实施防范行为，预警后续成本高。

因此，依照《中华人民共和国突发事件应对法》，预警信息应遵照申请发布和统一发布的制度执行。

3. 大面积停电预警的难点及应对

大面积停电事件预警的特点，在客观上造成了大面积停电事件预警信息发布存在技术上和管理上的难度。技术上的难度主要表现在：信息来源多，收集难；相关计算复杂，判别难。管理上的难度主要表现在：社会影响面大，一旦误报会造成抢险救灾资源的浪费；而漏报又会损失珍贵的灾前预警时间，导致事故影响范围扩大；预警信息和决策发布信息流转环节多，需要严格的管理机制和手段保证信息流转的精确性与及时性。

为提高预警发布的可信度与有效性，应该从以下几方面着手：

（1）建立科学严谨的预警发布机制，相关部门及时充分共享关键信息，由电力企业作为业务主责方提出从专业技术角度的初步判断结论；地方人民政府主管部门要组织各方专家予以进一步评估研判，最后经地方人民政府统筹批准后发布。

（2）充分利用现代信息技术辅助预警决策，如前文解读，要建设和充分利用信息整合和共享平台聚合全面多维度的信息；要充分利用大数据分析技术和高性能计算技术提高预测的准确性与前瞻性；要着力积累、沉淀历史经验案例，并将案例数字化、样本化，给决策团体提供充分的决策参考支持。

【案例思考】

近年以来，我国各级地方人民政府在本级社会突发事件综合应急预案中，都对预警发布的程序做出了具体规定。如：以中国气象局作为所有社会突发事件预警信息的发布枢纽并制定一系列的前序审批机制和后续发布流程。在这种情况下，政府突发事件应对的各专项预案就要遵从综合预案的规定，做好衔接。

气象台的预警发布体系建立早、流程全、渠道广，在预警事件类型、预警事件分级、预警可视化、预警发布流程、预警信息发布渠道以及受众的全面覆盖方面能力较强。通过综合预案规定衔接各类突发事件专项预案，充分利用气象预警发布平台的能力是社会突发事件应急管理中提高预警能力的有效手段。

【预案原文】

3.2.2　预警行动

预警信息发布后，电力企业要加强设备巡查检修和运行监测，采取有效措施控制事态发展；组织相关应急救援队伍和人员进入待命状态，动员后备人员做好参加应急救援和处置工作准备，并做好大面积停电事件应急所需物资、装备和设备等应急保障准备工作。重要电力用户做好自备应急电源启用准备。受影响区域地方人民政府启动应急联动机制，组织有关部门和单位做好维持公共秩序、供水供气供热、商品供应、交通物流等方面的应急准备；加强相关舆情监测，主动回应社会公众关注的热点问题，及时澄清谣言传言，做好舆论引导工作。

【法规依据】

《中华人民共和国突发事件应对法》。

第四十四条　发布三级、四级警报，宣布进入预警期后，县级以上地方各级人民政府应当根据即将发生的突发事件的特点和可能造成的危害，采取下列措施：

（1）启动应急预案（响应）。

（2）责令有关部门、专业机构、监测网点和负有特定职责的人员及时收集、报告有关信息，向社会公布反映突发事件信息的渠道，加强对突发事件发生、发展情况的监测、预报和预警工作。

（3）组织有关部门和机构、专业技术人员、有关专家学者，随时对突发事件信息进行分析评估，预测发生突发事件可能性的大小、影响范围和强度以及可能发生的突发事件的级别。

（4）定时向社会发布与公众有关的突发事件预测信息和分析评估结果，并对相关信息的报道工作进行管理。

（5）及时按照有关规定向社会发布可能受到突发事件危害的警告，宣传避免、减轻危害的常识，公布咨询电话。

第四十五条　发布一级、二级警报，宣布进入预警期后，县级以上地方各级人民政府除采取本法第四十四条规定的措施外，还应当针对即将发生的突发事件的特点和可能造成的危害，采取下列一项或者多项措施：

（1）责令应急救援队伍、负有特定职责的人员进入待命状态，并动员后备人员做好参加应急救援和处置工作的准备。

（2）调集应急救援所需物资、设备、工具，准备应急设施和避难场所，并确保其处于良好状态、随时可以投入正常使用。

（3）加强对重点单位、重要部位和重要基础设施的安全保卫，维护社会治安秩序。

（4）采取必要措施，确保交通、通信、供水、排水、供电、供气、供热等公共设施的安全和正常运行。

（5）及时向社会发布有关采取特定措施避免或者减轻危害的建议、劝告。

（6）转移、疏散或者撤离易受突发事件危害的人员并予以妥善安置，转移重要财产。

（7）关闭或者限制使用易受突发事件危害的场所，控制或者限制容易导致危害扩大的公共场所的活动。

（8）法律、法规、规章规定的其他必要的防范性、保护性措施。

【解读】

1. 各级地方政府的预警行动

上述法律法规已经细致地规定了各级地方政府应对大面积停电事件的预警行动准则和基本行动事项。针对大面积停电事件的特点，人民政府可能采取的预警行动还有：

（1）按照应急预案立即开展应急组织指挥机构的召集工作。

（2）相关跨地区的应急协同联动机制的启动准备工作。

（3）可能引发的次生、衍生灾害的预判与处置准备工作。

2. 电力企业预警行动

电力企业在初判可能发生大面积停电事件时，按规定应立即向地方人民政府报告，同时应立即做好电网内的预警迎灾准备，包括按照预定方案进行电网生产运行的迎灾准备，按照预定方案通知相关重要电力用户，向能源行政主管部门报告等。

电力企业的预警行动应该包含以下关键内容：

（1）电力企业应急组织指挥机构的召集就位。

（2）电力企业运行抢险队伍的召集和准备，并可以按照相关预案进行先期处置。

（3）电力企业应急通信保障、应急电源保障、生产用水保障、应急燃料保障、抢险物资保障、备用容量保障等先期就位。

（4）对重要电力用户的通知，电力系统相关运行部门应该迅速基于预警信息，进行可能的相关电网影响分析，并结合相应预案通知用户做好应急电源准备，计划停电准备和意外停电准备，同时提供必要支持。

（5）依照预案的相关报告及通报执行。

3. 重要电力用户自备应急电源配置原则

重要电力用户供电中断，可能造成人员伤亡和财产损失，以及较大的社会影响。重要电力用户应当主动配置自备应急电源，提高应急自救能力，有效防止次生灾害发生，减小社会影响。为加强重要电力用户供电电源及自备应急电源配置与监督管理，原国家电监会印发了《关于加强重要电力用户供电电源及自备应急电源配置监督管理的意见》（电监安全〔2008〕43号），编制了国家标准《重要电力用户供电电源及自备应急电源配置技术规范》（GB/Z 29328—2012），对重要电力用户的定义、自备应急电源的配置要求和使用规范，以及相关的监督管理办法作了明确规定。重要电力用户应当按照上述规定规范配置自备应急电源，并加强安全使用管理，保持适用状态，一旦电网供电中断，能立即启动自备应急电源供电。

按照目前的管理体制并结合应急处置"属地为主"的原则，重要电力用户的名单由县级以上人民政府确定。能源监管机构（行使电力安全监管的机构）会同地方人民政府共同实施对重要电力用户自备应急电源配置的监督管理。有关供电企业应当按规定合理配置重要电力用户的供电电源并加强管理，同时加强对重要电力用户的自备应急电源配置和安全使用管理方面的技术指导。

4. 舆情监测与引导

在大面积停电事件应对过程中，尤其在预警信息已发布而灾害的实际影响并未显现时，对相关舆情的监测与引导非常重要。一方面，有效的舆情监测可以帮助应急机构及时洞察社会与民生关注点，在体现大面积停电处置民生优先、社会安全优先的处理原则时有据可依；另一方面，通过舆情监测，可以发现影响公共安全或误导民众认知的错误舆论倾向，这时，主管部门应该及时澄清，引导舆论方向，防患于未然。现代互联网技术、文本关键字模糊查询技术以及以文本语义分析技术为基础的意见挖掘、情感分析等方法为舆情分析提供了有效的技术手段支持。通过对上述指标的组合分析，既能够准确定义当下社会对于事件的关注度，也能预测舆情的发展方向和社会公众对事件处理的期望值。

因为舆情采集分析的样本数据不来自于电力系统，核心能力也由网络信息治理部门掌握，因此在舆情分析中政府发挥部门间的协调机制作用更显得十分重要。

名词解释

自备应急电源。由用户自行配备的，在正常供电电源全部发生中断的情况下，能为用户保安负荷可靠供电的独立电源。主要包括自备电厂，发动机驱动发电机组（柴油发动机发电机组、汽油发动机发电机组、燃气发动机发电机组），静态储能装置（不间断电源 UPS、EPS、蓄电池、干电池），动态储能装置（飞轮储能装置），移动发电设备（装有电源装置的专用车辆、小型移动式发电机），其他新型电源装置。

【预案原文】

3.2.3 预警解除

根据事态发展，经研判不会发生大面积停电事件时，按照"谁发布、谁解除"的原则，由发布单位宣布解除预警，适时终止相关措施。

【法规依据】

1.《中华人民共和国突发事件应对法》

第四十七条 发布突发事件警报的人民政府应当根据事态的发展，按照有关规定适时调整预警级别并重新发布。

有事实证明不可能发生突发事件或者危险已经解除的，发布警报的人民政府应当立即宣布解除警报，终止预警期，并解除已经采取的有关措施。

2.《国家突发公共事件总体应急预案》

3.1.1 预警信息的发布、调整和解除可通过广播、电视、报刊、通信、信息网络、警报器、宣传车或组织人员逐户通知等方式进行，对老、幼、病、残、孕等特殊人群以及学校等特殊场所和警报盲区应当采取有针对性的公告方式。

【解读】

预警解除流程是预警发布流程的对应流程，通常遵循以下原则：①仍遵循由电力企业作为主责部门预研判后，经主管部门组织相关专家研讨决策后报地方人民政府审批宣布解除预警；②从保障预警发布与预警解除的信息一致性、权威性角度，须由发布方解除预警，严格避免多头发声，引起民众及相关机构的信息混淆。

3.3 信息报告

【预案原文】

大面积停电事件发生后，相关电力企业应立即向受影响区域地方人民政府电力运行主管部门和能源局相关派出机构报告，中央电力企业同时报告能源局。

事发地人民政府电力运行主管部门接到大面积停电事件信息报告或者监测到相关信息后，应当立即进行核实，对大面积停电事件的性质和类别作出初步认定，按照国家规定的时限、程序和要求向上级电力运行主管部门和同级人民政府报告，并通报同级其他相关部门和单位。地方各级人民政府及其电力运行主管部门应当按照有关规定逐级上报，必要时可越级上报。能源局相关派出机构接到大面积停电事件报告后，应当立即核实有关情况并向能源局报告，同时通报事发地县级以上地方人民政府。对初判为重大以上的大面积停电事件，省级人民政府和能源局要立即按程序向国务院报告。

【法规依据】

1.《中华人民共和国突发事件应对法》

第七条　县级人民政府对本行政区域内突发事件的应对工作负责；涉及两个以上行政区域的，由有关行政区域共同的上一级人民政府负责，或者由各有关行政区域的上一级人民政府共同负责。

突发事件发生后，发生地县级人民政府应当立即采取措施控制事态发展，组织开展应急救援和处置工作，并立即向上一级人民政府报告，必要时可以越级上报。

突发事件发生地县级人民政府不能消除或者不能有效控制突发事件引起的严重社会危害的，应当及时向上级人民政府报告。上级人民政府应当及时采取措施，统一领导应急处置工作。

法律、行政法规规定由国务院有关部门对突发事件的应对工作负责的，从其规定；地方人民政府应当积极配合并提供必要的支持。

第三十九条　地方各级人民政府应当按照国家有关规定向上级人民政府报送突发事件信息。县级以上人民政府有关主管部门应当向本级人民政府相关部门通报突发事件信息。专业机构、监测网点和信息报告员应当及时向所在地人民政府及其有关主管部门报告突发事件信息。

第四十条　县级以上地方各级人民政府应当及时汇总分析突发事件隐患和预警信息，必要时组织相关部门、专业技术人员、专家学者进行会商，对发生突发事件的可能性及其可能造成的影响进行评估；认为可能发生重大或者特别重大突发事件的，应当立即向上级人民政府报告，并向上级人民政府有关部门、当地驻军和可能受到危害的毗邻或者相关地区的人民政府通报。

2.《国家突发公共事件总体应急预案》

3.2.1　信息报告

特别重大或者重大突发公共事件发生后，各地区、各部门要立即报告，最迟不得超过 4 小时，同时通报有关地区和部门。应急处置过程中，要及时续报有关情况。

3.《电力安全事故应急处置和调查处理条例》

第八条　事故发生后，事故现场有关人员应当立即向发电厂、变电站运行值班人员、电力调度机构值班人员或者本企业现场负责人报告。有关人员接到报告后，应当立即向上一级电力调度机构和本企业负责人报告。本企业负责人接到报告后，应当立即向国务院电力监管机构设在当地的派出机构（以下称事故发生地电力监管机构）、县级以上人民政府安全生产监督管理部门报告；热电厂事故影响热力正常供应的，还应当向供热管理部门报告；事故涉及水电厂（站）大坝安全的，还应当同时向有管辖权的水行政主管部门或者流域管理机构报告。

第九条　事故发生地电力监管机构接到事故报告后，应当立即核实有关情况，向国务院电力监管机构报告；事故造成供电用户停电的，应当同时通报事故发生地县级以上地方人民政府。

对特别重大事故、重大事故，国务院电力监管机构接到事故报告后应当立即报告国务院，并通报国务院安全生产监督管理部门、国务院能源主管部门等有关部门。

第十条　事故报告应当包括下列内容：

（1）事故发生的时间、地点（区域）以及事故发生单位。

（2）已知的电力设备、设施损坏情况，停运的发电（供热）机组数量、电网减供负荷或者发电厂减少出力的数值、停电（停热）范围。

（3）事故原因的初步判断。

（4）事故发生后采取的措施、电网运行方式、发电机组运行状况以及事故控制情况。

（5）其他应当报告的情况。

事故报告后出现新情况的，应当及时补报。

【解读】

2014年国家能源局印发《关于做好电力安全信息报送工作的通知》（国能安全〔2014〕198号），规定：人身伤亡事故、电力安全事故、经济损失达到100万元以上的设备事故，统称"电力事故"；信息报告责任单位负责人接到电力事故报告后应当于1小时内向上级主管单位、事故发生地国家能源局派出机构报告，在未设派出机构的省（自治区、直辖市），信息报告责任单位负责人应向国家能源局相关区域监管局报告。

大面积停电事件兼具电力安全事故和社会突发安全事件的特点，因此，大面积停电事件的报送采用行政报送和行业报送并行的机制。报送的信息源来自相关电力企业。

从行政报送途径来看，电力企业报送大面积停电事件信息至地方人民政府电力主管部门，地方人民政府按照行政报送规定逐级上报。这里需要特别指出的是，大面积停电事件发生时，可能伴有严重自然灾害或通信故障，考虑到通信中断、机构瘫痪或其他保密要求等特殊情况，必要时可以越级上报。

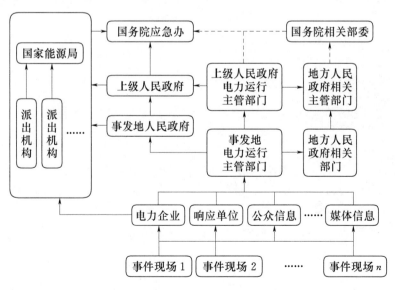

图 5 大面积停电事件报送程序

从专业报送途径来看，电力企业报送大面积停电事件信息至相关国家能源局派出机构，国家能源局派出机构在立即上报国家能源局的同时，通报事发地地方人民政府作为信息的冗余同步渠道。

大面积停电事件报送程序如图 5 所示。

4 应急响应

本部分共 4 条 6 款，主要规定了响应分级、响应措施、国家层面应对、响应终止等内容。

4.1 响应分级

【预案原文】

根据大面积停电事件的严重程度和发展态势，将应急响应设定为Ⅰ级、Ⅱ级、Ⅲ级和Ⅳ级四个等级。初判发生特别重大大面积停电事件，启动Ⅰ级应急响应，由事发地省级人民政府负责指挥应对工作。必要时，由国务院或国务院授权发展改革委成立国家大面积停电事件应急指挥部，统一领导、组织和指挥大面积停电事件应对工作。初判发生重大大面积停电事件，启动Ⅱ级应急响应，由事发地省级人民政府负责指挥应对工作。初判发生较大、一般大面积停电事件，分别启动Ⅲ级、Ⅳ级应急响应，根据事件影响范围，由事发地县级或市级人民政府负责指挥应对工作。

对于尚未达到一般大面积停电事件标准，但对社会产生较大影响的其他停电事件，地方人民政府可结合实际情况启动应急响应。

应急响应启动后，可视事件造成损失情况及其发展趋势调整响应级别，避免响应不足或响应过度。

【法规依据】

《中华人民共和国突发事件应对法》。

第八条　国务院在总理领导下研究、决定和部署特别重大突发事件的应对工作；根据实际需要，设立国家突发事件应急指挥机构，负责突发事件应对工作；必要时，国务院可以派出工作组指导有关工作。

县级以上地方各级人民政府设立由本级人民政府主要负责人、相关部门负责人、驻当地中国人民解放军和中国人民武装警察部队有关负责人组成的突发事件应急指挥机构，统一领导、协调本级人民政府各有关部门和下级人民政府开展突发事件应对工作；根据实际需要，设立相关类别突发事件应急指挥机构，组织、协调、指挥突发事件应对工作。

上级人民政府主管部门应当在各自职责范围内，指导、协助下级人民政府及其相应部门做好有关突发事件的应对工作。

第九条　国务院和县级以上地方各级人民政府是突发事件应对工作的行政领导机关，其办事机构及具体职责由国务院规定。

【解读】

1. 应急响应分级基本原则

大面积停电事件往往由很多相互关联、相互依赖的分支构成，在事件发生发展过程中，一系列随机因素和应对决策的主观选择因素会导致事件发展路径和态势的变化。因此，应对大面积停电事件的响应分级遵循如下原则：

（1）对应性。通常情况下，响应级别不低于事故级别。大面积停电事件应急预案中事件分为四级，特别重大大面积停电事件和重大大面积停电事件启动Ⅰ级和Ⅱ级响应，较大和一般大面积停电事件启动Ⅲ级和Ⅳ级响应。

（2）可变性。随事件发展及其影响程度的演进，响应级别可以做相应调整。

（3）主观性。大面积停电事件通常情况下可以以对应的响应级别进行有效恰当的应对，但特定情景下对响应级别进行主观调整是允许的。例如，停电范围影响没有达到一般停电事件标准，但停电时间过长，超过民众心理承受能力极限，地方人民政府通过调查和舆情分析发现有发生群体事件的趋向，可以启动Ⅳ级应急响应。在这种场景下，要特别注意行政权威和专业权威的分工与协调，行政权威修正响应级别，而相关响应的专业调度与执行仍遵从应急指挥部主责的原则。

2. 责任归属

地方人民政府的电力主管部门对大面积停电事件进行分级初判和相关的报告、通告工作。报告信息一经认定，地方人民政府即成为事件处置的主责方，成立应急指挥部开展应急响应工作。Ⅰ级和Ⅱ级应急响应由事发地省级人民政府负责指挥应对，Ⅲ级和Ⅳ级响应由事发地县市级人民政府负责应对，对特别重大事件，必要时由国务院或国家发改委成立国家级大面积停电事件应急指挥部应对。

遵循事件管理的通用机制，应急指挥部承担事件专职的角色，除进行指挥决策和执行任务分发外，事件专职还担负密切监控事件发展的态势、确定事件响应的级别、必要时进行响应级别调整的责任。调整的依据既可以根据特定场景（如民生、公共安全等优先因素），也可以依据事先设定的关键指标触发机制来进行（如停电影响范围、停电时间等）。

3. 避免响应不足和响应过度

响应级别决定了在事件处置过程中动员资源的规模。总体上说，响应级别越高，应急处置机构有权调用的资源越多，应急处置中受到的资源约束越小。但全社会总体资源有限，应急资源的调动意味着对其他正常生产生活资源的占用，因此，在确定响应级别时，要避免如下两种情况：

（1）响应不足。应急资源不足，应急指挥捉襟见肘，应急处置工作得到的保障和支持不足，应急事件处置的时间延长，最终使停电影响范围扩大，时间延长。

（2）响应过度。应急资源闲置，但其他社会资源被占用，影响周边领域的正常社会生产生活秩序。

4. 完善预案管理体系提升应急响应能力

这里需要注意的是，响应级别的定义与实施必须有完备的应急预案体系的支持。这里有以下几层含义：

（1）预案体系的层级概念。大面积停电的分级响应机制，是有从国家到省级到市县级的一系列综合预案体系化组织而成，依据事件级别，从分权树的不同节点启动综合预案，覆盖所有末梢。

（2）预案体系的展开概念。各个层级的综合预案本身又由响应的一系列专项预案构成，覆盖了可能发生的各种应急事件场景。应急响应级别的调整也意味着同时对一系列专项预案的选择与执行，一个完善的专项预案体系能够有效对应各种应急响应类别和级别，在瞬息万变的应急处置中有条不紊，合理应对。

（3）应急演练的重要性。一个好的预案体系，应该具备场景的全面覆盖性，响应措施的科学性和操作执行的高效性。形成一个好的预案体系，必须经过常态化的评估、编写、演练、修编的循环过程反复迭代、持续优化。

【案例思考】

这里要特别关注的是，应急响应分级与突发事件分级是没有强制对应关系的。例如，某地级市发生全市停电，按照国家大面积停电事件应急预案，该停电事件达到Ⅲ级事件标准。这时，按照统一指挥、分级处置的工作原则，该地级市应启动应急响应，而对于该地级市来说，已经达到了停电的最大影响范围，所以，该地市可以启动其自身大面积停电事件预案中规定的最高响应级别的响应，而不是照搬照抄上级大面积停电预案启动Ⅲ级响应，这一点在大面积停电事件应急预案体系的管理中非常重要，需要特殊注意。

4.2　响应措施

大面积停电事件发生后，相关电力企业和重要电力用户要立即实施先期处置，全力控制事件发展态势，减少损失。各有关地方、部门和单位根据工作需要，组织采取以下措施。

【预案原文】

4.2.1 抢修电网并恢复运行

电力调度机构合理安排运行方式，控制停电范围；尽快恢复重要输变电设备、电力主干网架运行；在条件具备时，优先恢复重要电力用户、重要城市和重点地区的电力供应。

电网企业迅速组织力量抢修受损电网设备设施，根据应急指挥机构要求，向重要电力用户及重要设施提供必要的电力支援。

发电企业保证设备安全，抢修受损设备，做好发电机组并网运行准备，按照电力调度指令恢复运行。

【法规依据】

1.《电力安全事故应急处置和调查处理条例》

第十四条 事故发生后，有关电力企业应当立即采取相应的紧急处置措施，控制事故范围，防止发生电网系统性崩溃和瓦解；事故危及人身和设备安全的，发电厂、变电站运行值班人员可以按照有关规定，立即采取停运发电机组和输变电设备等紧急处置措施。

事故造成电力设备、设施损坏的，有关电力企业应当立即组织抢修。

第十六条 事故造成电网大面积停电的，国务院电力监管机构和国务院其他有关部门、有关地方人民政府、电力企业应当按照国家有关规定，启动相应的应急预案，成立应急指挥机构，尽快恢复电网运行和电力供应，防止各种次生灾害的发生。

第十九条　恢复电网运行和电力供应，应当优先保证重要电厂厂用电源、重要输变电设备、电力主干网架的恢复，优先恢复重要电力用户、重要城市、重点地区的电力供应。

2.《国家突发公共事件总体应急预案》

3.2.3　应急响应

对于先期处置未能有效控制事态的特别重大突发公共事件，要及时启动相关预案，由国务院相关应急指挥机构或国务院工作组统一指挥或指导有关地区、部门开展处置工作。

现场应急指挥机构负责现场的应急处置工作。

需要多个国务院相关部门共同参与处置的突发公共事件，由该类突发公共事件的业务主管部门牵头，其他部门予以协助。

【解读】

1. 电力调度对电网抢修恢复的极端重要性

电力调度机构是为保障电网安全、优质、经济运行，对电网运行进行组织、指挥、指导和协调的机构。目前，我国电力调度机构共分为国家调度机构，跨省（自治区、直辖市）调度机构，省（自治区、直辖市）调度机构，省辖市级调度机构和县级调度机构共五级。事故情况下，各级电力调度机构是其管辖范围内事故处理的指挥中心，统一指挥其管辖范围内的事故处理工作。电力调度机构指挥电网运行操作和事故处理是通过发布调度命令来实现的，调度命令具有强制性。对并网运行的电网设备、发电设备和用户设备的操作应当严格按照调度命令来执行。

事故发生后，电网减供负荷、用户停电、电网频率和电压超出规定范围、输变电设备负载超过规定值、主干线路功率值超过规定的稳定限额等情况有可能随之发生。根据不同的事故情况，电力调度机构发布开启或者关停发电机组、调整发电机组有功负荷和无功负荷、调整电网运行方式、调整供电调度计划等电力调度命令，是其行使事故处理指挥权的行为。必要时，上级电力调度机构可越级向电网内下级电力调度机构管辖的发电厂、变电站等运行值班单位发布调度命令。对于电力调度命令，有关发电企业和电力用户都必须执行，不能以任何理由拒绝执行，这样才能有保证事故的应急处理。

2. 电力恢复优先顺序

恢复电网运行和电力供应的优先次序是由电力系统的技术特性决定的，电网大面积停电后，电网运行和电力供应的恢复是一个循序渐进的过程，必须按照一定的次序逐步完成。

在电网恢复过程中，首先，应当恢复停电范围内重要发电厂厂用电电源，以利于其快速启动发电机组，为电网恢复提供电源支撑；其次，应当恢复重要输变电设备，使其尽快投入运行，起到控制和保障电网稳定运行的作用；再次，恢复电力主干网架，使电网具备应有的电能输送和分配能力，为保证电力系统安全稳定运行，最终恢复用户供电提供保障。应特别提出的是，为避免出现核安全事故，核电厂厂用电电源也应当在优先恢复序列。

电力供应恢复应当在电源容量允许的条件下，按照用电负荷的重要性，首先，优先恢复关系国计民生和国家安全的党政机关、军事机关、广播电视单位、金融机构、供水供热设施、通信设施、交通设施和重要厂矿企业等重要电力用户的电力供应，保障人民群众基本生活需要，确保社会稳定；其次，按照区域的重要性，应优先恢复重要城市、重点地区电力供应，逐步恢复正常的生产生活秩序。

在电网运行和电力供应恢复过程中，发电厂应当严格按照电力调度命令恢复机组并网运行，调整发电出力；电力用户应当严格按照调度计划分时分步恢复用电。

3. 电力企业受应急指挥机构统一指挥的重要性

电力企业在执行抢修任务的过程中需要接受应急指挥机构的统一指挥。首先，大面积停电事件造成社会用户停电，已经构成社会突发事件，政府能够全面掌握社会突发事件信息，保证应急指挥决策的全局性和科学性；其次，政府能够在大面积停电事件的协同处置过程中统一调动社会资源，保证应急处置的有序性和有效性；第三，涉及社会面的大面积停电事件应急处置过程十分复杂，有时会牵一发而动全身，以政府应急指挥机构为枢纽做出的响应决策，可以有效避免次生、衍生的人身伤害或设备损失。

【预案原文】

4.2.2　防范次生衍生事故

重要电力用户按照有关技术要求迅速启动自备应急电源，加强重大危险源、重要目标、重大关键基础设施隐患排查与监测预警，及时采取防范措施，防止发生次生衍生事故。

4.2.3　保障居民基本生活

启用应急供水措施，保障居民用水需求；采用多种方式，保障燃气供应和采暖期内居民生活热力供应；组织生活必需品的应急生产、调配和运输，保障停电期间居民基本生活。

4.2.4　维护社会稳定

加强涉及国家安全和公共安全的重点单位安全保卫工作，严密防范和严厉打击违法犯罪活动。加强对停电区域内繁华街区、大型居民区、大型商场、学校、医院、金融机构、机场、城市轨道交通设施、车站、码头及其他重要生产经营场所等重点地区、重点部位、人员密集场所的治安巡逻，及时疏散人员，解救被困人员，防范治安事件。加强交通疏导，维护道路交通秩序。尽快恢复企业生产经营活动。严厉打击造谣惑众、囤积居奇、哄抬物价等各种违法行为。

【法规依据】

1. 《中华人民共和国突发事件应对法》

第四十九条　自然灾害、事故灾难或者公共卫生事件发生后，履行统一领导职责的人民政府可以采取下列一项或者多项应急处置措施：

（1）组织营救和救治受害人员，疏散、撤离并妥善安置受到威胁的人员以及采取其他救助措施。

（2）迅速控制危险源，标明危险区域，封锁危险场所，划定警戒区，实行交通管制以及其他控制措施。

（3）立即抢修被损坏的交通、通信、供水、排水、供电、供气、供热等公共设施，向受到危害的人员提供避难场所和生活必需品，实施医疗救护和卫生防疫以及其他保障措施。

（4）禁止或者限制使用有关设备、设施，关闭或者限制使用有关场所，中止人员密集的活动或者可能导致危害扩大的生产经营活动以及采取其他保护措施。

（5）启用本级人民政府设置的财政预备费和储备的应急救援物资，必要时调用其他急需物资、设备、设施、工具。

（6）组织公民参加应急救援和处置工作，要求具有特定专长的人员提供服务。

（7）保障食品、饮用水、燃料等基本生活必需品的供应。

（8）依法从严惩处囤积居奇、哄抬物价、制假售假等扰乱市场秩序的行为，稳定市场价格，维护市场秩序。

（9）依法从严惩处哄抢财物、干扰破坏应急处置工作等扰乱社会秩序的行为，维护社会治安。

（10）采取防止发生次生、衍生事件的必要措施。

第五十一条　发生突发事件，严重影响国民经济正常运行时，国务院或者国务院授权的有关主管部门可以采取保障、控制等必要的应急措施，保障人民群众的基本生活需要，最大限度地减轻突发事件的影响。

2.《电力安全事故应急处置和调查处理条例》

第十七条　事故造成电网大面积停电的，有关地方人民政府及有关部门应当立即组织开展下列应急处置工作：

（1）加强对停电地区关系国计民生、国家安全和公共安全的重点单位的安全保卫，防范破坏社会秩序的行为，维护社会稳定。

（2）及时排除因停电发生的各种险情。

（3）事故造成重大人员伤亡或者需要紧急转移、安置受困人员的，及时组织实施救治、转移、安置工作。

（4）加强停电地区道路交通指挥和疏导，做好铁路、民航运输以及通信保障工作。

（5）组织应急物资的紧急生产和调用，保证电网恢复运行所需物资和居民基本生活资料的供给。

第十八条　事故造成重要电力用户供电中断的，重要电力用户应当按照有关技术要求迅速启动自备应急电源；启动自备应急电源无效的，电网企业应当提供必要的支援。

事故造成地铁、机场、高层建筑、商场、影剧院、体育场馆等人员聚集场所停电的，应当迅速启用应急照明，组织人员有序疏散。

【解读】

——防范次生衍生灾害

1. 重要电力用户自备应急电源配置和启动要求

按照国家有关文件和《重要电力用户供电电源及自备应急电源配置技术规范》（GB/Z 29328—2012）要求，重要电力用户均应自行配置应急电源，电源容量至少应满足全部保安负荷正常供电要求，依据保安负荷的允许断电时间、容量、停电影响等负荷特性，按照各类应急电源在启动时间、切换方式、容量大小、持续供电时间、电能质量、节能环保、适用场所等方面的技术性能，选取合理的自备应急电源。主要技术指标要求如下：

（1）允许断电时间的技术要求。

1）重要负荷允许断电时间为毫秒级的，用户应选用满足相应技术条件的静态储能不间断电源或动态储能不间断电源，且采用在线运行的运行方式。

2）重要负荷允许断电时间为秒级的，用户应选用满足相应技术条件的静态储能电源、快速自动启动发电机组等电源，且自备应急电源应具有自动切换功能。

3）重要负荷允许断电时间为分钟级的，用户应选用满足相应技术条件的发电机组等电源，可采用手动方式启动自备发电机。

（2）自备应急电源需求容量的技术要求。

1）自备应急电源需求容量达到百兆瓦级的，用户可选用满足相应技术条件的独立于电网的自备电厂等自备应急电源；

2）自备应急电源需求容量达到兆瓦级的，用户应选用满足相应技术条件的大容量发电机组，动态储能装置、大容量静态储能装置（如 EPS）等自备应急电源；如选用往复式内燃机驱动的交流发电机组，可参照《往复式内燃机驱动的交流发电机组　第 1 部分：用途、定额和性能》（GB 2820.1）的要求执行。

3）自备应急电源需求容量达到百千瓦级的，用户可选用满足相应技术条件的中等容量静态储能不间断电源（如 UPS）或小型发电机组等自备应急电源。

4）自备应急电源需求容量达到千瓦级的，用户可选用满足相应技术条件的小容量静态储能电源（如小型移动式 UPS、蓄电池、干电池）等自备应急电源。

（3）持续供电时间和供电质量的技术要求。

1）对于持续供电时间要求在标准条件下 12 小时以内，对供电质量要求不高的重要负荷，可选用满足相应技术条件的一般发电机组作为自备应急电源。

2）对于持续供电时间要求在标准条件下 12 小时以内，对供电质量要求较高的重要负荷，可选用满足相应技术条件的供电质量高的发电机组、动态储能不间断供电装置、静态储能装置与发电机组的组合作为自备应急电源。

3）对于持续供电时间要求在标准条件下 2 小时以内，对供电质量要求较高的重要负荷，可选用满足相应技术条件的大容量静态储能装置作为自备应急电源。

4）对于持续供电时间要求在标准条件下 30 分钟以内，对供电质量要求较高的重要负荷，可选用满足相应技术条件的小容量静态储能装置作为自备应急电源。

（4）对于环保和防火等有特殊要求的用电场所，应选用满足相应要求的自备应急电源。

2. 防范因停电而引起的次生、衍生灾害

因失电可能引发的重要电力用户次生、衍生灾害主要包括：

（1）流程制造业因为生产线停顿，造成物料损失、产线报废而引发的次生经济损失。

（2）流程制造业因为生产线停顿造成能量积聚或中间化学反应生成的危化物积聚而引发的衍生灾害。

（3）需要在特殊环境下存储、运输的危化品因停电而造成存储环境恶化引发次生、衍生灾害。

（4）重要部门、关键机构因安保系统停电失效引发的安保或恐怖袭击风险。

（5）交通枢纽或人流密集区因停电而造成人群积聚，无法疏散而引发的群体性事件灾害。

（6）城市给排水设施停运造成的内涝及其他环境次生灾害。

（7）医疗机构及生命保障设施因停电而造成的人身生命损失。

（8）铁路、城市轨道交通、航空指挥系统因停电而造成的系统失效从而引发的衍生事故。

名词解释

次生事故。是指由原生事故直接引发的其他事故，或由于实施救援或应对措施不当而引发新的风险或事故。如汶川大地震后的堰塞湖、一些灾难之后导致的瘟疫；森林大火，安排干冰低温降火，引

起由于低温对生态环境或生物链的损害。

衍生事故。是指由于原生事故演变引发连锁反应造成的事故。如某地区因自然灾害造成大面积停电，由此引发某工厂有害物质泄漏，造成环境污染，在处置过程中又造成人身伤亡和社会群体性事件。

重大危险源。是指长期地或临时地生产、搬运、使用或者储存危险物品，且危险物品的数量等于或者超过临界量的单元（包括场所和设施）。

【案例思考】

大面积停电事件的本质是因为电网区域性停电引发的社会突发事件，因此，对于停电主因而衍生的各种后续影响的预防和规避是大面积停电事件处置任务的主要内容。大面积停电事件常见应急情景包括电力系统情景、城市生命线系统情景和社会民生系统情景等三个方面。以《广东省大面积停电事件应急预案》的情景构建为例。

1. 电力系统情景

南方区域主网重要枢纽变电设备、关键输电线路发生故障，南方电力系统失稳甚至解列，广东电网孤网运行，低频、低压减载装置大量动作，损失负荷超过广东负荷的30％以上，可能导致珠三角地区、粤东、粤西、粤北分片运行，局部地区电网停止运行，引发重大以上大面积停电事件。

2. 城市生命线系统情景

（1）重点保障单位。党政军机关、应急指挥机构、涉及国家安全和公共安全的重点单位停电、通信中断、安保系统失效等；高层建筑电梯停止运行，大量人员被困，引发火灾等衍生事故，造成人员伤亡。

（2）道路交通。城市交通监控系统及指示灯停止工作，道路交通出现拥堵；高速公路收费作业受到影响，造成高速公路交通拥堵；应急救灾物资运输受阻。

（3）城市轨道交通。调度通信及排水、通风系统停止运行；列车停运，大量乘客滞留。

（4）铁路交通。列车停运，沿途车站人员滞留；铁路运行调度系统及安检系统、售票系统、检票系统无法正常运转；应急救灾物资运输受阻。

（5）民航。大量乘客滞留机场，乘客因航班晚点与机场管理人员发生冲突；应急救灾物资运输受阻。

（6）通信。通信枢纽机房因停电、停水停止运转，大部分基站停电，公网通信大面积中断。

（7）供排水。城市居民生活用水无法正常供应；城市排水、排污因停电导致系统瘫痪，引发城市内涝及环境污染次生灾害等。

（8）供油。成品油销售系统因停电导致业务中断；重要行业移动应急电源和救灾运输车辆用油急需保障。

3. 社会民生系统情景

（1）临时安置。人员因交通受阻需临时安置。

（2）商业运营。人员紧急疏散过程中发生挤压、踩踏，部分人员受伤。

（3）物资供应。长时间停电导致居民生活必需品紧缺；不法分子造谣惑众、囤积居奇、哄抬物价。

（4）供气。部分以燃气为燃料的企业生产及市民正常生活受到影响。

（5）企业生产。石油、化工、采矿等高危企业因停电导致生产安全事故，甚至引发有毒有害物质泄漏等次生灾害。

（6）金融证券。银行、证券公司等金融机构无法交易结算，信息存储及其他相关业务中断。

（7）医疗。长时间停电难以保证手术室、重病监护室、产房等重要场所及相关设施设备持续供电，病人生命安全受到威胁。

（8）教育。教学秩序受到影响；如遇重要考试，可能诱发不稳定事件。

（9）广播电视。广播电视信号传输中断，影响大面积停电事件有关信息发布。

【解读】

——保障居民基本生活

1. 停电对居民生活基本需求的影响

主要影响包含以下几方面：

（1）因停电对居民基本生活的直接影响。大面积停电可能会使城市自来水厂停运，造成大范围长时间停水；即使城市自来水管网工作正常，社区也可能因泵站停电而无法供水。城市燃气管网、热力管网的加压接力站因停电停运从而使居民燃气供应中断、供热中断。

（2）停电对居民基本生活的间接影响。大面积停电可能会影响物流枢纽与生活物资储运中心的运行，造成生活必需品供应的紧张，再附加长时间大面积停电对居民心态的影响，可能会导致抢购并造成部分弱势居民无法得到饮食及其他生活必需品供应。

（3）特殊群体的基本生活需求。大型城市客运枢纽会因停电而造成人群滞留，需要临时安置，必须考虑临时安置点的基本生活物资保障。部分特大型城市高层住宅密集，老龄化问题突出，大面积停电会造成居住在高层的老年人无法外出，被困家中，甚至造成居家养老的生命维持设备停运，造成生命损失。

2. 基本生活用品调配

基本生活用品调配主要归属于民政部门和商务部门，由发展改革部门总体协调。民政部"关于加强救灾应急体系建设的指导意见"中要求，"各地要加快编制救灾物资储备发展规划，合理确定救灾物资储备库规模，通过改扩建、新建、租借等方式解决存储场所，逐步形成能满足救灾需求的储备库（点）网络；要增加救灾物资储备的数量和品种，并及时补充和更新，确保救灾的实际需求；要建立救灾物资协同保障机制，完善救灾物资紧急调拨和配送体系；要建立救灾物资应急采购和动员机制，拓宽应急期间救灾物资供应渠道；要积极探索市场经济条件下的能力储备新形式，实现社会储备与专业储备的有机结合，全面提高救灾物资应急保障能力。"

商务部关于《突发事件生活必需品应急管理暂行办法》中也对加强物资储备调运，完善生活必需品批发、零售企业应急机制，避免突发事件下因社会恐慌和囤积抢购影响居民基本生活用品供应做出了规定。

名词解释

采暖期。是指北方寒冷地区冬季室内供暖开始与截止日期。各地区采暖区不同，例如，黑龙江地区时间最长，从当年的 10 月 15 日至次年的 4 月 15 日，吉林、辽宁较多地区多为当年的 11 月 1 日至次年的 3 月 31 日，山东、河北采暖期要短些，北京地区采暖期一般为当年的 11 月 15 至次年的 3 月 15 日。

【案例思考】

2014 年 7 月 18 日，台风"威马逊"先后三次分别从海南、广东、广西登陆，给当地电力系统造成严重影响，受灾最严重的海口市电网大面积停电。供水企业由于供电中断，供水能力受到严重影响。其中，海口市水务集团下属龙塘水源厂、米浦水厂、儒俊水厂、永庄水厂及 67 口应急加压井因供电电源全部中断，停止供水；北海市禾塘、龙潭及北郊 3 个水厂供电电源全部中断，停止供水；湛江徐闻 2 个水厂在外部供电电源中断后，启动自备电源维持水厂生产。国家能源局和地方政府高度重视，分别派出工作组重点协调水厂供水恢复工作，南网及相关电力企业均启动了 I 级应急响应，及时调配应急发电车和应急电源支持，并最快速度优先恢复水厂供电，保证了居民生活用水供应。

【解读】

——维护社会稳定

1. 社会公共安全风险

地铁、机场、高层建筑、商场、影剧院、体育场馆等社会公众活动的场所，人员较为密集，一旦发生停电，在失去照明电源的情况下很有可能导致滞留群众心理恐慌，发生拥挤踩踏事故，造成严重的人身伤亡和财产损失，同时也对社会秩序造成严重的冲击。人员聚集场所在停电情况下应当迅速启动应急照明，这有利于安抚滞留群众情绪，避免恐慌心理，从而为后续组织疏散提供便利。大型人员聚集场所应当按照预先制定的疏散撤离方案，安排工作人员引导滞留群众，沿着预先设定的疏散线路有序疏散，确保滞留群众生命财产安全。

2. 稳定市场和生产经营秩序

大面积停电事件处置中，应启动相关协同联动机制以稳定市场和生产经营秩序，这样既能够保障应急救灾物资的妥善生产、供应以及基本民生物资的供应，也有利于维护社会稳定，尽快恢复企业的生产经营活动。

相关的协同联动机制涉及的方面有：公安部门保障重要物资的生产、调运及发放的安全秩序，燃料、电力、交通运输、通信等部门保障重要物资的生产、调运的各项需要，民政部门保障重要物资的储备、安置与发放，商务部门保障重要物资批发零售渠道的有序运作，市场监管部门保障重要物资的市场秩序，打击投机行为等。

【预案原文】

4.2.5 加强信息发布

按照及时准确、公开透明、客观统一的原则，加强信息发布和舆论引导，主动向社会发布停电相关信息和应对工作情况，提示相关注意事项和安保措施。加强舆情收集分析，及时回应社会关切，澄清不实信息，正确引导社会舆论，稳定公众情绪。

【法规依据】

1.《中华人民共和国突发事件应对法》

第五十三条　履行统一领导职责或者组织处置突发事件的人民政府，应当按照有关规定统一、准确、及时发布有关突发事件事态发展和应急处置工作的信息。

第五十四条　任何单位和个人不得编造、传播有关突发事件事态发展或者应急处置工作的虚假信息。

2.《电力安全事故应急处置和调查处理条例》

第二十条　事故应急指挥机构或者电力监管机构应当按照有关规定，统一、准确、及时发布有关事故影响范围、处置工作进度、预计恢复供电时间等信息。

3.《国家突发公共事件总体应急预案》

3.4　信息发布

突发公共事件的信息发布应当及时、准确、客观、全面。事件发生的第一时间要向社会发布简要信息，随后发布初步核实情况、政府应对措施和公众防范措施等，并根据事件处置情况做好后续发布工作。

信息发布形式主要包括授权发布、散发新闻稿、组织报道、接受记者采访、举行新闻发布会等。

【解读】

1. 信息发布总体要求

科学的信息发布是减少灾害损失、稳定社会秩序不可或缺的关键环节。国家有关法律法规强调了突发事件信息发布的及时性、真实性和一致性，以及信息传递的普遍性，从人类群体行为学的角度不难理解，只有当人类克服了对个体安全未知的恐慌的前提下，才能发挥秩序和利他的社会性，从灾害场景下对信息的获知形式来看，事件信息滞后、信息破碎、与周边人群信息量不对等以及因为获得信息前后不一致而造成猜疑都会给个体人类带来未知的恐慌。而恐慌人群在一定区域内相对集中会带来难以预计的灾难性后果。以 2014 年上海外滩跨年踩踏事故为例，有行进路径引导和栏杆隔离的情况下每个人对自己的安全空间心中有数，外滩在有限的空间承载了大量的有序人群；而同样位置在没有及时准确、公开透明和客观统一的秩序指示时，就引发了踩踏事故。踩踏事故混乱局面的缓解，也是因为有人登高齐呼周边人群后退，将信息明确地发布给人群，才及时中止了混乱局面。

2. 大面积停电事件信息发布原则和内容

大面积停电事件信息发布必须做到及时准确、公开透明、客观统一。及时准确就是事件相关信息应当在最短时间内进行发布，并适时更新，同时要求发布的信息必须客观、真实，发布信息之前，必须认真细致地核对事实，不得散布或传播未经证实的事故相关信息。公开透明就是信息发布的渠道覆盖要多样化、全面化，以实现对社会公众的信息发布全覆盖；同时，内容要打破屏蔽、完整清晰，以避免不同受众对同一信息的不同理解。客观统一就是信息发布的过程要按规定的程序报批，无权发布的部门不得擅自就事件的发展和处置工作接受记者采访或发表谈话。

信息发布的内容主要包括事件影响的范围、处置工作进度、预计恢复供电时间等。一些尚未明确全部情况、较为复杂的事件，可先公布简短信息，再作后续发布。事件信息发布可以通过政府公报、政府网站、新闻发布会以及报刊、广播、电视等方式，便于公众知晓。

编造或者传播有关大面积停电事件事态发展或者应急处置工作的虚假信息的行为，都是信息发布所禁止的，其后果将可能造成事态恶化，严重影响应急处置工作的正常进行。

【案例思考】

2008 年汶川地震发生后，国新办组织召开新闻发布会电力行业专场，新闻发布稿提纲如下：

2008 年 5 月 12 日四川汶川发生的特大地震灾害，使当地人民生命和财产遭受巨大损失，同时也对四川、甘肃、陕西、重庆等地区的电力系统造成程度不同的影响。

（1）各地电力系统因灾受损情况报告。

（2）灾害发生后的 100 个小时内，电力行业各单位落实党中央、国务院重要指示精神的应急处置行动。

（3）截至目前电力系统抢险救灾恢复情况。

（4）电力系统水电站大坝应急处置情况。

（5）重要电力用户应急电源保障情况。

（6）电力行业及全社会应急资源调配情况。

（7）下一步应急处置工作方案。

大面积停电事件的信息发布，应遵从以下突发事件的危机公关原则：

（1）不回避责任。危机事件发生后，公众会关心两方面的问题：一是利益的问题；二是情绪问题。因此，危机处置方应当站在事件受损方的立场上表示关注和安慰，并通过媒体向社会公众表达出担当的意愿，赢得公众的理解和信任。

（2）第一时间原则。在危机出现的最初时段窗口内，尤其是大面积停电相关事件可能会影响事发地通信导致真实信息外传受限的情况下，各种非主流信息会如同病毒般以裂变的方式发酵传播。在这个阶段，危机处置方要坚决果断地抢占舆论主导话语权，创造条件与媒体和公众进行及时沟通，从而避免舆情被误导，向恶性循环方向发展；同时也要争分夺秒做好危机溯源、公众安抚、谣言阻断等相关工作。

（3）真诚沟通原则。真诚，包含诚意、诚恳和诚实，危机处置方应该在突发事件发生后的第一时间通过专业发言人或高层管理人员向公众说明情况，并适度表达感同身受的同情，体现勇于担责、心系公众的态度。应当以公众利益为重，不回避问题和困难，诚实地与公众沟通，才能避免公众情绪被导向对立面。

（4）系统化管理，有序执行原则。危机公关中应做好以下事项：以冷对热、以静制动；统一观点，稳扎稳打；专业分工，专项负责；果断决策，迅速实施；合纵连横，协同处置；循序渐进，标本兼治。

（5）权威证实原则。在危机事件发生后尤其是当公众已经出现负面抵触情绪后，危机处置方单方面的澄清和说明往往达不到预期效果。这时需要借助重量级的有公信力的权威发表支持性的意见，从心理和情绪角度先扭转公众立场，重获公众信任并将危机公关和危机处置引导入良性循环的轨道。

【预案原文】

4.2.6　组织事态评估

及时组织对大面积停电事件影响范围、影响程度、发展趋势及恢复进度进行评估，为进一步做好应对工作提供依据。

【解读】

大面积停电事件的发生、发展往往是一系列相互触发、相互影响的事件的演进过程，特别是由于自然灾害造成的大面积停电事件，随着灾害发生发展趋势变化，对电力系统安全运行的影响也在不断变化。事态评估是应急处置过程中应急指挥中心的重要任务，重要性具体表现在：

（1）对突发事件当前信息的全面汇总。

（2）对突发事件发展趋势的科学预测。

（3）对突发事件负面影响的底线判断。

（4）集合各方指挥，提出科学有效应急指挥决策的关键行动。

（5）多方会商，协同联动的有效组织形式。

【案例思考】

2008 年雨雪冰冻灾害期间，先后经历了四轮灾害天气的发展过程，这期间电力系统的运行方式、电力设备设施的受损程度、停电影响的范围、抢险救援物资和人力调配都随事件发展发生了变化，及时组织参与应急处置的各相关单位和专家开展事件评估工作，可以增强应急救灾的针对性和科学性，及时调整应急指挥策略和响应级别，最大程度减少损失。

在冰灾发生发展的过程中，电网应急指挥机构对以下几个方面进行了及时的事态评估：

（1）分析因冰灾导致的电力供应紧张的原因和影响。

（2）综合多方面信息，对于冰灾的发展趋势进行判断，对电力生产和运行和抢险救灾的影响进行分析。

（3）基于底线思维，进行应急处置决策并提出执行方案。

（4）向上级指挥部进行汇报并在上级指挥部的协调下与相关部门进行会商，制定具体响应措施。

4.3　国家层面应对

【预案原文】

4.3.1　部门应对

初判发生一般或较大大面积停电事件时，能源局开展以下工作：

（1）密切跟踪事态发展，督促相关电力企业迅速开展电力抢修恢复等工作，指导督促地方有关部门做好应对工作。

（2）视情派出部门工作组赴现场指导协调事件应对等工作。

（3）根据中央电力企业和地方请求，协调有关方面为应对工作提供支援和技术支持。

（4）指导做好舆情信息收集、分析和应对工作。

4.3.2 国务院工作组应对

初判发生重大或特别重大大面积停电事件时，国务院工作组主要开展以下工作：

（1）传达国务院领导同志指示批示精神，督促地方人民政府、有关部门和中央电力企业贯彻落实。

（2）了解事件基本情况、造成的损失和影响、应对进展及当地需求等，根据地方和中央电力企业请求，协调有关方面派出应急队伍、调运应急物资和装备、安排专家和技术人员等，为应对工作提供支援和技术支持。

（3）对跨省级行政区域大面积停电事件应对工作进行协调。

（4）赶赴现场指导地方开展事件应对工作。

（5）指导开展事件处置评估。

（6）协调指导大面积停电事件宣传报道工作。

（7）及时向国务院报告相关情况。

4.3.3 国家大面积停电事件应急指挥部应对

根据事件应对工作需要和国务院决策部署，成立国家大面积停电事件应急指挥部。主要开展以下工作：

（1）组织有关部门和单位、专家组进行会商，研究分析事态，部署应对工作。

（2）根据需要赴事发现场，或派出前方工作组赴事发现场，协调开展应对工作。

（3）研究决定地方人民政府、有关部门和中央电力企业提出的请求事项，重要事项报国务院决策。

（4）统一组织信息发布和舆论引导工作。

（5）组织开展事件处置评估。

（6）对事件处置工作进行总结并报告国务院。

【法规依据】

1.《中华人民共和国突发事件应对法》

第八条　国务院在总理领导下研究、决定和部署特别重大突发事件的应对工作；根据实际需要，设立国家突发事件应急指挥机构，负责突发事件应对工作；必要时，国务院可以派出工作组指导有关工作。

2.《电力安全事故应急处置和调查处理条例》

第十六条　事故造成电网大面积停电的，国务院电力监管机构和国务院其他有关部门、有关地方人民政府、电力企业应当按照国家有关规定，启动相应的应急预案，成立应急指挥机构，尽快恢复电网运行和电力供应，防止各种次生灾害的发生。

3.《国家突发公共事件总体应急预案》

3.2.3　应急响应

对于先期处置未能有效控制事态的特别重大突发公共事件，要及时启动相关预案，由国务院相关应急指挥机构或国务院工作组统一指挥或指导有关地区、部门开展处置工作。

【解读】

1. 部门应对

国家能源局依据国家相关法律法规和国务院授权，负责全国电力应急管理工作，针对大面积停电事件，其主要工作任务是按相关程序，负责组织、指挥、协调大面积停电事件应对工作，研究重大应急决策和布署，下达应急指令，发布应急信息，派出工作组现场指导各相关单位开展应急处置工作。2013 年，新的国家能源局成立后，制定了《国家能源局重大突发事件应急响应处理工作制度》，设立了能源局重大突发事件应急响应处置工作领导小组和能源局防灾救灾应急工作小组，统一领导重大突发事件应急处置工作。在处置应对"4·20"雅安地震、"尤特"台风、"威马逊"台风等自然灾害过程中，国家能源局按照工作职责开展应急工作。主要工作内容包括：收集汇总信息并上报国务院，组织事态研判，派出工作组赶往现场协调地方政府和电力企业开展抢险救灾工作，充分发挥电力应急管理工作的核心牵头职能。

2. 国务院工作组应对

国务院工作组模式是国家应对重大或特别重大突发事件的常态模式，此类事件往往集中在某个地区，而事件处置的需要尚未达到成立国务院应急指挥部的程度，其工作重点是督促工作、核实情况、指导协调调动外部应急资源，但不替代指挥部的指挥职责。工作组一般由国务院领导带队。

3. 国家大面积停电事件应急指挥部应对

国家指挥部应对模式，是针对处置大灾巨灾，需要国家统一领导并动用全社会力量支持的应急工作模式。国家指挥部成立后，事件应急处置的指挥权归属国家指挥部；一般由国务院总理或副总理任总指挥，在国家层面各相关部委立即按照职责分工归入已经设定明确的相应工作组，在做好事件先期处置工作的同时，定期由总指挥组织会议会商事件处置工作，同时由牵头单位负责召集各组成员协商处置工作。例如，2008年雨雪冰冻灾害期间，国家成立由温家宝总理为总指挥的煤电油运指挥部，授权国家发改委为牵头单位，同时下设七个工作组，每日定期由牵头单位组织召开会议，会商需要协调解决的问题。

4.4　响应终止

【预案原文】

同时满足以下条件时，由启动响应的人民政府终止应急响应：

（1）电网主干网架基本恢复正常，电网运行参数保持在稳定限额之内，主要发电厂机组运行稳定。

（2）减供负荷恢复80％以上，受停电影响的重点地区、重要城市负荷恢复90％以上。

（3）造成大面积停电事件的隐患基本消除。

（4）大面积停电事件造成的重特大次生、衍生事故基本处置完成。

【法规依据】

1.《中华人民共和国突发事件应对法》

第五十八条 突发事件的威胁和危害得到控制或者消除后，履行统一领导职责或者组织处置突发事件的人民政府应当停止执行依照本法规定采取的应急处置措施，同时采取或者继续实施必要措施，防止发生自然灾害、事故灾难、公共卫生事件的次生、衍生事件或者重新引发社会安全事件。

2.《国家突发公共事件总体应急预案》

3.2.4 应急结束

特别重大突发公共事件应急处置工作结束，或者相关危险因素消除后，现场应急指挥机构予以撤销。

【解读】

（1）大面积停电事件会导致受影响电网的结构重构或解列，电网频率、相位和电压失衡，发电厂机组运行暂态恶化甚至脱网或停机。随着抢修处置工作的进展，电网结构逐级复原；因保障重要电力用户而重构电网，随重要用户常态电源的恢复，电网也会切换为常态运行。因此，电网网架结构的复原是判断大面积停电事件处置进展的重要标准。同时，电网运行参数和主力发电厂机组运行状态的改善也标志着电网运行状况的恢复。因电网运行的专业性，电力企业应依据《电力系统安全稳定导则》对电网结构状态和电网运行参数进行综合判断并向启动响应的人民政府进行报告。

（2）根据电力系统的历史经验和国内外的实例，当因大面积停电造成的负荷减供恢复80%以上、重点区域负荷恢复 90％以上时，重要电力用户的供电基本恢复，城市基础设施，居民基本生活用电也已恢复。这意味着大面积停电造成的严重社会影响已经基本消除，具备了中止应急状态的必要条件。

（3）大面积停电处置的目的是为了消除停电带来的社会风险和影响，大面积停电处置的措施是消除隐患、修复故障设备、保障社会秩序、恢复供电、消除影响，隐患不除，响应不止。

（4）大面积停电事件的响应处置是一种协同性的社会行为，对大面积停电事件造成的重特大次生、衍生事故进行统一指挥、信息共享、协同响应和保障具有重大意义，这也要求只有在重特大次生、衍生事故处置完成时，才能中止应急响应。作为应急组织指挥的主责部门，同样由地方人民政府负责中止应急响应。

5　后　期　处　置

5.1　处置评估

【预案原文】

大面积停电事件应急响应终止后，履行统一领导职责的人民政府要及时组织对事件处置工作进行评估，总结经验教训，分析查找问题，提出改进措施，形成处置评估报告。鼓励开展第三方评估。

【法规依据】

1.《中华人民共和国突发事件应对法》

第五十九条　突发事件应急处置工作结束后，履行统一领导职责的人民政府应当立即组织对突发事件造成的损失进行评估，组织受影响地区尽快恢复生产、生活、工作和社会秩序，制定恢复重建计划，并向上一级人民政府报告。

第六十二条　履行统一领导职责的人民政府应当及时查明突发事件的发生经过和原因，总结突发事件应急处置工作的经验教训，制定改进措施，并向上一级人民政府提出报告。

2.《国家突发公共事件总体应急预案》

3.3.2　调查与评估

要对特别重大突发公共事件的起因、性质、影响、责任、经验教训和恢复重建等问题进行调查评估。

【解读】

处置评估工作是应急管理的重要环节，大面积停电事件应急评估的责任主体是履行统一领导职责的人民政府，处置评估工作的主要内容包括以下几个方面：

（1）全面描述事件发生发展和应急处置的全过程，全面统计和分析事件造成的直接经济损失和间接经济损失。

（2）从应急管理的角度，处置评估应分析应急处置过程中的以下问题和薄弱环节。

1）应急组织体系建设和管理协调方面，如应急法规和规章制度体系、应急协调联动机制等。

2）应急预案体系建设方面，评估预案编制内容的针对性、科学性和可操作性，日常开展应急演练的实际针对性。

3）应急能力保障建设方面，主要包括应急救援队伍和资源调配、物资装备保障体系建设、应急指挥平台的运用等。

4）事件监测预警方面，评估预警监测手段可行性，预警信息发布时间、内容、范围等。

名词解释

第三方评估。第三方是指处于第一方——被评估对象（事件主体）和第二方——评估主体（政府或公众）之外的一方，与第一方和第二方没有隶属关系和利益冲突。第三方评估是政府绩效管理的重要形式，也是一种必要而有效的外部制衡。弥补了传统的政府自我评估的缺陷，在促进服务型政府建设方面发挥了不可替代的促进作用。在第三方评估中，第三方的独立性是保证评估结果公正的起点，而第三方的专业性和权威性则是保证评估结果的公正的基础。目前，第三方评估有高校专家评估、专业公司评估、社会代表评估和民众参与评估等四种模式。

【案例思考】

2014年7月第9号超强台风"威马逊"对城市的供电、供水、通信、交通等基础设施和全社会的生产生活造成极为严重的影响。灾害发生后，国家能源局、国家能源局南方监管局、广东省政府及相关部门、海南省政府及相关部门、广西壮族自治区政府及相关部门、南网、广东电网公司、海南电网公司、广西电网公司、有关发电企业、相关行业部门和企业立即投入应急救灾工作，在最短时间内恢复生产生活秩序，修复受损设备设施。应急处置工作结束后，为建立健全重大自然灾害电力应急工作机制，增强政府有关部门与城市供电、通信、供水、交通等生命线工程管理部门应急联动协调能力，提高电力突发事件应急处置效率，国家能源局南方监管局委托第三方，开展了超强台风"威马逊"电力应急后评估工作。本次后评估工作评估方式主要采取召开座谈会、现场访谈、查看资料、现场了解情况等方式进行；评估对象为受灾地区供电、通信、供水、交通等行业以及政府有关部门；评估内容主要包括大面积停电对通信、供水、交通等城市生命线的影响，相关省（区）、地市政府大面积停电应急预案启动情况，供电、通信、供水和交通等部门和单位应急联动协调情况，相关地市电网和发电企业受损情况，电网企业应急预案执行情况，应急救援队伍准备和调集、应急救援物资供应和调配情况，应急指挥、处置效率和沿海地区输配电网络抵御超强台风能力等。

5.2 事件调查

【预案原文】

大面积停电事件发生后，根据有关规定成立调查组，查明事件原因、性质、影响范围、经济损失等情况，提出防范、整改措施和处理处置建议。

【法规依据】

1.《电力安全事故应急处置和调查处理条例》

第四条 国务院电力监管机构应当加强电力安全监督管理，依法建立健全事故应急处置和调查处理的各项制度，组织或者参与事故的调查处理。

国务院电力监管机构、国务院能源主管部门和国务院其他有关部门、地方人民政府及有关部门按照国家规定的权限和程序，组织、协调、参与事故的应急处置工作。

2. 《国家突发公共事件总体应急预案》

3.3.2 调查与评估

要对特别重大突发公共事件的起因、性质、影响、责任、经验教训和恢复重建等问题进行调查评估。

【解读】

由于大面积停电事件级别标准与《电力安全事故应急处置和调查处理条例》定义的电力安全事故等级标准一致，因此，在不计原因的前提下，大面积停电事件已构成电力安全事故。

在大面积停电事件中，伴有电力企业责任的，按照《电力安全事故应急处置和调查处理条例》组成调查组，开展相关调查工作，事故调查权限规定为："特别重大事故由国务院或者国务院授权的部门组织事故调查组进行调查。重大事故由国务院电力监管机构组织事故调查组进行调查。较大事故、一般事故由事故发生地电力监管机构组织事故调查组进行调查。国务院电力监管机构认为必要的，可以组织事故调查组对较大事故进行调查。未造成供电用户停电的一般事故，事故发生地电力监管机构也可以委托事故发生单位调查处理。"

5.3 善后处置

【预案原文】

事发地人民政府要及时组织制订善后工作方案并组织实施。保险机构要及时开展相关理赔工作，尽快消除大面积停电事件的影响。

【法规依据】

1.《中华人民共和国突发事件应对法》

第六十一条 国务院根据受突发事件影响地区遭受损失的情况，制定扶持该地区有关行业发展的优惠政策。

受突发事件影响地区的人民政府应当根据本地区遭受损失的情况，制定救助、补偿、抚慰、抚恤、安置等善后工作计划并组织实施，妥善解决因处置突发事件引发的矛盾和纠纷。

公民参加应急救援工作或者协助维护社会秩序期间，其在本单位的工资待遇和福利不变；表现突出、成绩显著的，由县级以上人民政府给予表彰或者奖励。

县级以上人民政府对在应急救援工作中伤亡的人员依法给予抚恤。

2.《国家突发公共事件总体应急预案》

3.3.1 善后处置

要积极稳妥、深入细致地做好善后处置工作。对突发公共事件中的伤亡人员、应急处置工作人员，以及紧急调集、征用有关单位及个人的物资，要按照规定给予抚恤、补助或补偿，并提供心理及司法援助。有关部门要做好疫病防治和环境污染消除工作。保险监管机构督促有关保险机构及时做好有关单位和个人损失的理赔工作。

【解读】

1. 善后处置工作要求

善后处置工作主要是指在事发地人民政府统一领导

下，各相关单位做好后期处置工作，主要包括人员安置与补偿、征用物资补偿、污染物收集清理与处理等事项，尽快消除事件影响，妥善安置和慰问受害及受影响人员，保证社会稳定，尽快恢复正常秩序。

损失评估包括：统计在突发事件中死亡和受伤的人数、需要救援和安置的人数，并对遇难者的安葬工作、受伤人员的救治工作以及受灾人员的安置工作等进行必要的分析和评价；统计突发事件中各种设施、设备的损失情况，并对各种设施的紧急抢修工作进行分析和评价，为紧急抢修的安排和布置提供依据；统计公私财物的损失情况，统计突发事件造成的直接损失和间接损失。

2. 保险理赔

完善的社会保险体系和保险理赔机制能够对善后及重建提供有效的保障，电力企业与保险机构应该建立共促、双赢的产业分工模式。应进一步提升保险机构和电力企业风险评估的专业化程度，防患于未然。应该把双方在确立保险合约时进行的风险评估和尽职调查作为标准化、专业化的隐患排查机会，并借此提高社会应急管理水平；应进一步明确保险合约中的责任条款，特别关注于大面积停电事件通常伴生的自然灾害，而自然灾害在一般保险条款中会被作为不可抗力而成为免赔条款，而且，很多大面积停电的生命财产损失是由衍生事故造成的，而衍生事故的损害对象往往又是保险的非责任第三方或社会弱势群体，政府或兜底电网企业要特别注意在保险合约中对此类条款的约定。

随着我国电力市场化改革的持续深化，电力行业企业有逐步分化为公益性输电企业和竞争性发售电企业的趋势。公益性企业按照核准成本运营，竞争性企业依照市场规则竞争，要特别注意可能引发的输电企业过度保险，增加社会成本；发售电企业保险不足，带来体制性风险的倾向。

5.4 恢复重建

【预案原文】

大面积停电事件应急响应终止后，需对电网网架结构和设备设施进行修复或重建的，由能源局或事发地省级人民政府根据实际工作需要组织编制恢复重建规划。相关电力企业和受影响区域地方各级人民政府应当根据规划做好受损电力系统恢复重建工作。

【法规依据】

1.《中华人民共和国突发事件应对法》

第五十九条　突发事件应急处置工作结束后，履行统一领导职责的人民政府应当立即组织对突发事件造成的损失进行评估，组织受影响地区尽快恢复生产、生活、工作和社会秩序，制定恢复重建计划，并向上一级人民政府报告。

受突发事件影响地区的人民政府应当及时组织和协调公安、交通、铁路、民航、邮电、建设等有关部门恢复社会治安秩序，尽快修复被损坏的交通、通信、供水、排水、供电、供气、供热等公共设施。

2.《国家突发公共事件总体应急预案》

3.3.3　恢复重建

根据受灾地区恢复重建计划组织实施恢复重建工作。

【解读】

重建通常是指在突发事件发生后，重建灾区生活环境与社会环境并达到或者超过突发事件发生前的标准。事后重建需要制定相关的计划，并认真予以落实。一般根据突发事件造成的损失情况，分别制定事后恢复重建的近期、中期和远期建设计划。近期建设计划首先应保障灾民的基本生活需求，修建居民住房和其他最基本的配套设施，以保证人民群众尽快得到妥善安置。同时，应为这些群众开辟生活来源和就业渠道，以保证人民群众尽快恢复正常生活。在制定事后恢复重建的中期、远期建设计划时，要综合考虑受害地区经济、社会、资源、环境的特点和实际情况。

1. 恢复重建规划工作

首先，恢复重建要站在全社会的高度统筹考虑，本着从实际出发，坚持以人为本，把保障民生和社会发展放在优先位置，由地方人民政府因地制宜主导确定恢复重建规划的指导思想和基本原则。其次，新《预案》中恢复重建主要指对电网网架结构和电力设备设施的修复和重建。依据国家能源局"三定"方案："能源局负责拟订火电和电网有关发展规划、计划和政策并组织实施，承担电力体制改革有关工作，衔接电力供需平衡。"能源局承担电力建设规划的指导责任。因此，本着专业化和属地化相结合的指导思想，由能源局或事发地省级人民政府根据实际工作需要组织编制恢复重建规划。

例如，2008年汶川地震后，国家发改委、国家能源局相继发布了《关于做好地震灾区电网抢修和恢复重建工作的通知》及《汶川地震灾区电网恢复重建导则》，从重建的指导思想、工作原则、协同支援、资金保障、技术及工程标准等方面做出了规划。

2. 恢复重建建设工作

电力企业承担恢复重建的建设工作。在遵循现有的建设和工程管理办法的同时，也要根据相应的灾后重建规划，对重建项目在项目管理、工程质量管理、建设进度、物资财务管理等方面结合具体情况体现更高的标准。各级地方人民政府要做好重建的协同保障工作，必要时中央电力企业可以打破区域和体制限制，调集全部企业资源支持灾区重建。

在2008年汶川地震和2013年雅安地震后，国家电网四川省电力公司承担了受灾电网和电力设施的重建工作。在重建过程中，既结合了当地经济社会长远发展规划，重建后供电能力和供电可靠性比灾前大大提升，也在国家电网公司的统筹安排下建立对口支援机制，大大加快了电网灾后重建的进程，有力地支持了当地灾后重建和社会整体发展。

6 保障措施

6.1 队伍保障

【预案原文】

电力企业应建立健全电力抢修应急专业队伍，加强设备维护和应急抢修技能方面的人员培训，定期开展应急演练，提高应急救援能力。地方各级人民政府根据需要组织动员其他专业应急队伍和志愿者等参与大面积停电事件及其次生衍生灾害处置工作。军队、武警部队、公安消防等要做好应急力量支援保障。

【法规依据】

1.《中华人民共和国突发事件应对法》

第二十六条 县级以上人民政府应当整合应急资源，建立或者确定综合性应急救援队伍。人民政府有关部门可以根据实际需要设立专业应急救援队伍。

县级以上人民政府及其有关部门可以建立由成年志愿者组成的应急救援队伍。单位应当建立由本单位职工组成的专职或者兼职应急救援队伍。

县级以上人民政府应当加强专业应急救援队伍与非专业应急救援队伍的合作，联合培训、联合演练，提高合成应急、协同应急的能力。

2. 《国家突发公共事件总体应急预案》

4.1 人力资源

公安（消防）、医疗卫生、地震救援、海上搜救、矿山救护、森林消防、防洪抢险、核与辐射、环境监控、危险化学品事故救援、铁路事故、民航事故、基础信息网络和重要信息系统事故处置，以及水、电、油、气等工程抢险救援队伍是应急救援的专业队伍和骨干力量。地方各级人民政府和有关部门、单位要加强应急救援队伍的业务培训和应急演练，建立联动协调机制，提高装备水平；动员社会团体、企事业单位以及志愿者等各种社会力量参与应急救援工作；增进国际间的交流与合作。要加强以乡镇和社区为单位的公众应急能力建设，发挥其在应对突发公共事件中的重要作用。

中国人民解放军和中国人民武装警察部队是处置突发公共事件的骨干和突击力量，按照有关规定参加应急处置工作。

【解读】

1. 加强应急救援队伍建设总体要求

应急救援队伍是企业开展应急处置工作的基础保障。《国务院关于全面加强应急管理工作的意见》（国发〔2006〕24号）中要求"大中型企业特别是高危行业要建立专职或者兼职应急救援队伍，并积极参与社会应急救援"。2007年印发的《国务院办公厅转发安全监管总局等部门关于加强企业应急管理工作的意见》（国办发〔2007〕13号）中对大中型、小型和其他企业应急救援队伍建设作出了明确规定，并着重强调涉及高危行业的中央企业都要建立起现代化、专业化、高技术水准的救援队伍。2009 年，国务院办公厅印发《关于加强基层应急队伍建设的意见》（国办发〔2009〕59 号），强调基层应急队伍建设的必要性，并明确规定重要基础设施运行单位要组建本单位运营保障应急队伍。

根据国家有关规定，为加强电力应急队伍建设，国务院有关部门先后印发了《关于进一步加强电力应急管理工作的意见》（电监安全〔2006〕29 号）、《关于深入推进电力企业应急管理工作的通知》（电监安全〔2007〕11 号）和《关于加强电力应急体系建设的指导意见》（电监安全〔2009〕60 号）等多个文件。特别在《关于加强电力应急体系建设的指导意见》中，对电力企业应急救援队伍建设提出各项具体指导意见。

2. 电力应急队伍建设

（1）加强专业应急抢险救援队伍建设。充分利用电力行业人力资源优势，以电力企业的专兼职应急队伍为主要依托，共同建设形成多支具有不同专业特长，能够承担重大事件抢险救援任务的电力专业应急抢险救援队伍。加强对电力专业应急抢险救援队伍的管理，提高专业理论水平和实战技能，按照有关标准和规范配备应急技术装备，并实现日常生产与应急救援的有机结合。

（2）加强应急专家队伍建设。组织建立电力应急专家组，在国家、地区、电力企业各层面建设多支具有多专业高水平的电力应急专家队伍。开展专家信息收集、分类、建档工作，建立相应数据库，逐步完善专家信息共享机制，形成分级分类、覆盖全面的电力应急专家资源信息网络。完善专家参与预警、指挥、抢险救援和恢复重建等应急决策咨询工作机制，开展专家会商、研判、培训和演练等活动。

（3）建立应急队伍快速合理调用机制。全面掌握各级应急队伍人员和装备情况，对应不同的应急响应级别和事件类别，根据应急队伍规模、类型、地域来源，实现电力应急队伍的统一指挥和快速调用。

（4）建立后备抢险救援力量储备。充分发挥社会应急救援力量的作用，通过组织具有相应资质的社会电力应急救援力量，开展必要的专业培训和演练，形成有能力、有组织、易动员、专业化的电力应急后备抢险救援队伍。

目前，按照国家和电力行业有关要求，电力企业应急救援队伍建设已全面展开并形成规模，全国各大主要电力企业应急救援队伍人员总数已超过 20 万人。电力应急救援队伍主要由各电力企业建设施工、生产运行、检修维护等人员构成，在完成日常生产工作的同时，承担电力应急抢险救援任务。

3. 军队、武警、公安消防在应急处置中发挥的重要作用

在我国历次重大抢险救灾中，人民解放军和武装警察部队忠实地履行全心全意为人民服务的根本宗旨，积极参加抢险救灾，做出了巨大贡献。军队参加抢险救灾属于非战争军事行动，需要处理好军地工作"接口"中的关键性环节，做到有法可依、有章可循。

依据 2005 年国务院、中央军委发布的《军队参加抢险救灾条例》，军队是抢险救灾的突击力量，执行国家赋予的抢险救灾任务是军队的重要使命。各级人民政府和军事机关应当按照规定，做好军队参加抢险救灾的组织、指挥、协调、保障等工作。有关军事机关应当制定参加抢险救灾预案，组织部队开展必要的抢险救灾训练。

公安消防部队作为列入武警序列的公安现役部队，编制上属于军队的一种，其参加抢险救灾属于政府行为。2008年修订的《中华人民共和国消防法》第46条规定："公安消防队、专职消防队参加火灾以外其他重大灾害事故的应急救援工作，由县级及以上人民政府统一领导"。对其队伍的调动、保障等机制，可以参考军队参加抢险救灾条例执行。

4. 社会救援力量

在发生重特大突发事件时，往往需要大量应急救援人员，而专业应急救援队伍人员有限，且维持专业应急救援队伍的成本很高，难以满足实际需要。培养和发动社会救援力量，是应对大面积停电一类突发事件的很好补充。一方面，县级以上人民政府及其有关部门应当动员社会力量组建志愿者队伍，日常给予必要的技能培训，建立有效的召集机制，关键时可以参与应急救灾。另一方面，要充分发挥民间应急救援组织力量。目前，我国社会救援组织蓬勃发展，应急救援能力和规范化管理水平逐步提升，集中表现在以下几方面：

（1）民间应急救援组织获得了国家政策扶持。随着政府职能转移与购买服务等行政体制改革进程的逐步推进，民间应急救援组织的法律地位日益明朗、注册程序渐趋简化。

（2）民间应急救援组织专业化程度日益提升，从过去单一的山地搜救型发展到今天门类齐全、功能多样的综合救援型。

（3）民间应急救援组织与政府职能部门之间，以及民间应急救援组织之间的合作日趋紧密，政府相关职能部门对志愿者的组织协调工作更为及时。

在应对大面积停电事件过程中，对社会救援力量的召集与管理，要注意以下几点：

（1）大面积停电事件处置是政府领导下的社会协同行为，社会救援组织与救援力量作为应急处置队伍的组成部分，应该接受应急组织指挥机构的统一领导与调度。

（2）大面积停电事件处置具有高度专业化的特点，社会救援力量要与专业队伍科学分工，避免从事与其能力不符的专业处置行为，防范次生事故和人身伤亡。

（3）社会救援组织要积极建设面向电力应急处置的能力，通过与专业监管机构和行业协会的合作，提升能力认证，并通过政府与社会合作的方式平战结合，促进社会救援组织的持续健康发展。

名词解释

志愿者。志愿工作是一种具有组织性的助人及基于社会公益责任的参与行为，具有志愿性、无偿性、公益性、组织性四大特征。志愿者是指在自身条件许可的情况下，在不谋求任何物质、金钱及相关利益回报的前提下，合理运用社会现有的资源，志愿奉献个人可以奉献的东西，为帮助有一定需要的人士，开展力所能及的、切合实际的，具一定专业性、技能性、爱心性服务活动的人。

6.2 装备物资保障

【预案原文】

电力企业应储备必要的专业应急装备及物资，建立和完善相应保障体系。国家有关部门和地方各级人民政府要加强应急救援装备物资及生产生活物资的紧急生产、储备调拨和紧急配送工作，保障支援大面积停电事件应对工作需要。鼓励支持社会化储备。

【法规依据】

1.《中华人民共和国突发事件应对法》

第三十二条　国家建立健全应急物资储备保障制度，完善重要应急物资的监管、生产、储备、调拨和紧急配送体系。

设区的市级以上人民政府和突发事件易发、多发地区的县级人民政府应当建立应急救援物资、生活必需品和应急处置装备的储备制度。

县级以上地方各级人民政府应当根据本地区的实际情况，与有关企业签订协议，保障应急救援物资、生活必需品和应急处置装备的生产、供给。

2.《中华人民共和国安全生产法》

第七十六条　国家加强生产安全事故应急能力建设，在重点行业、领域建立应急救援基地和应急救援队伍，鼓励生产经营单位和其他社会力量建立应急救援队伍，配备相应的应急救援装备和物资，提高应急救援的专业化水平。

3.《电力安全事故应急处置和调查处理条例》

第十二条　国务院电力监管机构依照《中华人民共和国突发事件应对法》和《国家突发公共事件总体应急预案》，组织编制国家处置电网大面积停电事件应急预案，报国务院批准。

有关地方人民政府应当依照法律、行政法规和国家处置电网大面积停电事件应急预案，组织制定本行政区域处置电网大面积停电事件应急预案。

处置电网大面积停电事件应急预案应当对应急组织指挥体系及职责，应急处置的各项措施，以及人员、资金、物资、技术等应急保障作出具体规定。

第十三条　电力企业应当按照国家有关规定，制定本企业事故应急预案。

电力监管机构应当指导电力企业加强电力应急救援队伍建设，完善应急物资储备制度。

4.《国家突发公共事件总体应急预案》

4.3　物资保障

要建立健全应急物资监测网络、预警体系和应急物资生产、储备、调拨及紧急配送体系，完善应急工作程序，确保应急所需物资和生活用品的及时供应，并加强对物资储备的监督管理，及时予以补充和更新。

地方各级人民政府应根据有关法律、法规和应急预案的规定，做好物资储备工作。

【解读】

1. 国家相关文件要求

充足完备的应急物资储备是处置突发事件的重要前提和物质保障。除了国家有关法律法规以外，国家对电力应急物资储备调配工作也提出明确指导意见。《国务院批转发展改革委电监会关于加强电力系统抗灾能力建设的若干意见》中规定，电力企业要加强抢险救灾物资储备。《国务院办公厅转发安全监管总局等部门关于加强企业应急管理工作的意见》中明确规定，企业要切实加大对应急物资的投入，制定应急物资保障方案，重点加强防护用品、救援装备、救援器材的物资储备。

国家在《关于加强电力应急体系建设的指导意见》中明确提出加强电力应急物资储备的目标和要求：

（1）要利用电力企业现有物资储备资源，建设国家级电力应急物资储备库，实现在重大电力突发事件情况下的应急救援物资的统一合理调配，满足跨省、跨区域电力突发事件的应急处置要求。

（2）电力企业要建立重要应急物资监测网络、预警体系和应急物资生产、储备及紧急配送体系，实现应急物资综合信息动态管理和共享。要保证应急物资储备的资金投入，加强应急物资日常维护管理，定期调整、轮换和更新物资，保证正常使用。

2. 社会化物资储备建设

国家积极鼓励政府社会合作模式，促进应急装备及物资储备产业发展，互联网＋和服务业与金融业的创新为这一模式提供了前所未有的机遇。

充分利用互联网技术创新可以有效整合应急物资产业下游的物资科学储备规模和产业上游的物资经济产能规模，降低应急物资的产业总体成本。

充分利用服务模式创新可以有效降低应急物资储备的资金占用成本，以政府购买社会服务的方式推进应急物资储备，以市场化的社会实体进行应急物资储备的资本回报管理，从而降低运营成本，提高服务水准，形成多赢局面。

充分利用金融创新可以提升应急物资储备的资产回报。以"战时为应急服务，平时为运维服务"的指导思想，建立应急物资的增值业务模式，并通过金融创新将其转化为金融产品，间接形成全社会资本支持应急产业健康可持续发展的形态。

6.3 通信、交通与运输保障

【预案原文】

地方各级人民政府及通信主管部门要建立健全大面积停电事件应急通信保障体系，形成可靠的通信保障能力，确保应急期间通信联络和信息传递需要。交通运输部门要健全紧急运输保障体系，保障应急响应所需人员、物资、装备、器材等的运输；公安部门要加强交通应急管理，保障应急救援车辆优先通行；根据全面推进公务用车制度改革有关规定，有关单位应配备必要的应急车辆，保障应急救援需要。

【法规依据】

1.《中华人民共和国突发事件应对法》

第三十三条　国家建立健全应急通信保障体系，完善公用通信网，建立有线与无线相结合、基础电信网络与机动通信系统相配套的应急通信系统，确保突发事件应对工作的通信畅通。

第五十二条　履行统一领导职责或者组织处置突发事件的人民政府，必要时可以向单位和个人征用应急救援所需设备、设施、场地、交通工具和其他物资，请求其他地方人民政府提供人力、物力、财力或者技术支援，要求生产、供应生活必需品和应急救援物资的企业组织生产、保证供给，要求提供医疗、交通等公共服务的组织提供相应的服务。

履行统一领导职责或者组织处置突发事件的人民政府，应当组织协调运输经营单位，优先运送处置突发事件所需物资、设备、工具、应急救援人员和受到突发事件危害的人员。

2.《国家突发公共事件总体应急预案》

4.6　交通运输保障

要保证紧急情况下应急交通工具的优先安排、优先调度、优先放行，确保运输安全畅通；要依法建立紧急情况社会交通运输工具的征用程序，确保抢险救灾物资和人员能够及时、安全送达。

根据应急处置需要，对现场及相关通道实行交通管制，开设应急救援"绿色通道"，保证应急救援工作的顺利开展。

4.9　通信保障

建立健全应急通信、应急广播电视保障工作体系，完善公用通信网，建立有线和无线相结合、基础电信网络与机动通信系统相配套的应急通信系统，确保通信畅通。

【解读】

1. 应急通信保障

2011年国家颁布《国家通信保障应急预案》中第六条电力能源供应保障规定："各基础电信运营企业应按国家相关规定配备应急发电设备。事发地煤电油气运相关部门负责协调相关企业优先保证通信设施和现场应急通信装备的供电、供油需求，确保应急条件下通信枢纽及重要局所等关键通信节点的电力、能源供应。本地区难以协调的，由发展改革委会同煤电油气运保障工作部际协调机制有关成员单位组织协调。"

近年来，我国随着科技创新的发展和经济实力的增强，逐步建成了全球最大的通信基础设施网络。庞大的通信体系既包含全覆盖、高带宽的光纤通信体系，也有全球覆盖最大、用户最多的移动通信及移动数据网络，同时，我国具有自主知识产权的北斗系统也已进入商用化、实用化的部署阶段，大型国有骨干电网企业还建成了自有的光纤骨干网络和蜂窝通信网络，通信基础设施的发展为大面积停电事件处置提供了良好的支持。但同时需要特别关注的是：上述通信体系相互之间存在关联关系、相互依存，从应急管理基于底线意识、考虑最恶劣情况的原则来看，仍需考虑建设与现有通信体系完全不互相依存的极端场景通信系统的需要，如自组网短波数字系统等。

2. 应急交通与运输保障

对大面积停电事件中应急交通与运输的保障，可以分成以下四个层次来理解：

（1）停电后交通监控、指挥系统、信号灯系统的应急保障。其中既包括应急备用电源的保障，也包括应急数据和多媒体通信系统的保障。路况信息进得来，指挥信息出得去，将大大提升对大面积停电的社会处置能力。

（2）停电后各级应急指挥中心、应急处置关键场所的物资运输及交通疏散的生命线保障。典型场景如为电力企业支援重点用户的应急移动电源提供"绿色通道"保障，为人身伤亡现场到医疗机构间提供"生命通道"保障等。

（3）特殊情况下采取特殊管制和征用手段的法律法规保障。《中华人民共和国突发事件应对法》第十二条规定：有关人民政府及其部门为应对突发事件，可以征用单位和个人的财产。被征用的财产在使用完毕或者突发事件应急处置工作结束后，应当及时返还。财产被征用或者征用后毁损、灭失的，应当给予补偿。第五十二条规定：履行统一领导职责或者组织处置突发事件的人民政府，必要时可以向单位和个人征用应急救援所需设备、设施、场地、交通工具和其他物资，请求其他地方人民政府提供人力、物力、财力或者技术支援，要求生产、供应生活必需品和应急救援物资的企业组织生产、保证供给，要求提供医疗、交通等公共服务的组织提供相应的服务。履行统一领导职责或者组织处置突发事件的人民政府，应当组织协调运输经营单位，优先运送处置突发事件所需物资、设备、工具、应急救援人员和受到突发事件危害的人员。

（4）应急专用交通工具的常态化专项配备。2014年国家发布《关于全面推进公务用车制度改革的指导意见》规定："机要通信、应急等车辆要充分考虑不同部门的工作差异，根据实际需要合理配备，保障到位。"这条规定也为突发事件应急处置的车辆保障提供了有效的依据。

6.4 技术保障

【预案原文】

电力行业要加强大面积停电事件应对和监测先进技术、装备的研发，制定电力应急技术标准，加强电网、电厂安全应急信息化平台建设。有关部门要为电力日常监测预警及电力应急抢险提供必要的气象、地质、水文等服务。

【法规依据】

1.《中华人民共和国突发事件应对法》

第三十六条　国家鼓励、扶持具备相应条件的教学科研机构培养应急管理专门人才，鼓励、扶持教学科研机构和有关企业研究开发用于突发事件预防、监测、预警、应急处置与救援的新技术、新设备和新工具。

2.《国家突发公共事件总体应急预案》

4.11 科技支撑

要积极开展公共安全领域的科学研究；加大公共安全监测、预测、预警、预防和应急处置技术研发的投入，不断改进技术装备，建立健全公共安全应急技术平台，提高我国公共安全科技水平；注意发挥企业在公共安全领域的研发作用。

【解读】

1. 技术保障的重要意义

现代电网的规模日益庞大和复杂，传统电网的安全控制模式和人工调度手段很难有效地控制突发事故。局部事故若快速振荡放大，可能酿成大面积停电甚至导致电网大面积崩溃，损失难以估量。因此，电网企业应认真分析和研究电网大面积停电可能造成的社会危害和损失，增加技术投入，学习借鉴国际先进经验，不断完善电网大面积停电应急技术保障体系。

大面积停电事件的起因包括渐变因素和突变因素。

（1）针对渐变因素的技术保障强化。渐变因素主要包括设备逐渐失效和运行参数渐变。设备逐渐失效主要源于设备的老化，令设备逐渐失去预定功能或者预定功能减弱，例如，电力系统的断路器、隔离刀闸、变压器、发电机和输电线路等元件的老化而导致的故障，或者由于气象或者外力逐渐磨损失效的现象。加强状态监视与状态评估是预防此类停电事件的重要技术保障措施。

（2）针对突变因素的技术保障强化。大面积停电事件的突变因素包括系统短路、突然性外力破坏、恶劣气候的破坏以及继电保护或一次设备的隐性故障等。虽然此类事件的发生非常迅速，但其仍可以分为发生、发展和演化等三个阶段。世界上历次大停电事件表明，在对突发事件进行应急处置时，应当尽量在前面两个阶段进行控制，才能有效地切断事故的传播。此时，故障传播的速度相对较慢，如果调度人员能够快速准确地预测出未来一段时间内故障传播的过程，计算出相应的发生连锁故障的风险并采取正确的措施，将有可能有效地阻止大面积停电事件的发生。而为了达到这个目标，就必须构建集主动预防、优化协调、快速响应控制于一体的电网快速安全防控技术保障体系，确保电网安全运行。

2. 技术保障发展的主要方向

（1）兼顾电网主动安全和被动安全。电力系统的安全稳定综合防御体系应从电力系统安全保障体系（主动安全）和电力系统安全稳定控制体系（被动安全）两个方面加以保证，在完善传统的电力系统稳定三道防线的同时，加强电力系统的主动安全水平，构建电力系统安全保障体系（主动安全）三道防线。相应的，防止大面积停电的技术保障体系也应兼顾被动安全与主动安全两个方面。

（2）扩大预警监测指标覆盖范围，构建大数据预警体系。目前，停电防御系统仅采集和处理电力系统内部的电气量，并没有将气象、地质等反映环境条件的信息和相应的预警分析完全融合进来，因此无法在极端外部条件下有效地做出预警，也不能准实时地对一系列相继故障的影响进行预评估及预警，也不支持大面积停电后的自适应恢复控制。在这样的情况下，将技术保障体系由目前的停电防御框架拓展到对自然灾害的早期预警与决策支持就变得极为重要。

（3）融合民众舆情和情感因素，构建物理＋人理监测体系。随着互联网在全球范围内的飞速发展，网络已成为反映社会舆情的主要载体之一。网络舆情突发事件如果处理不当，可能会对社会稳定构成威胁。技术保障体系应对电力舆情监测与分析给予充分重视。应结合电力企业内部系统，实现电力舆情的智能监测分析应用，对电力相关的社会热点话题、重大事件进行快速识别和定向追踪，从而帮助电力企业及时掌握舆情动向，对有较大影响的重要事件快速发现、快速处理，并为正面引导舆论和宣传提供决策依据。

3. 重要监测预警要素提供

重要监测预警要素应包括：

（1）自然灾害类。与气象、水务、海洋、地震等政府有关部门建立相关突发事件监测预报预警联动机制，实现相关灾情、险情信息实时共享。

（2）设备运行类。通过日常设备运行维护、巡视检查、隐患排查和在线监测等手段监测风险，通过常态隐患排查治理及时发现设备隐患。

（3）电网运行类。开展电网运行风险评估，加强电网检修情况下特殊运行方式的风险监测。

（4）外力破坏类。加强电网运行环境外部隐患治理，通过技术手段和管理手段，强化重要电网设备设施外破风险监测。

（5）供需平衡类。优化发电调度，加强发电企业燃料供应监测，动态掌握电能生产供需平衡情况。

4. 电力应急技术标准化工作

电力应急技术标准化工作的主要目的和任务是统一和规范电力行业对应急管理的认识，推动电力应急管理标准化，让电力涉及的发、输、变、配、用、调度各环节能够协调一致共同应对电力突发事件；规范电力行业应急技术设施、工具与方法，能够推动应急技术标准化，加强先进应急技术在电力行业的推广和应用，加快相关产业的发展；推动电力行业相关资源（包括信息资源）的共享，加强电力行业各企业应急资源的充分利用，提高工作效率，提高电力行业整体应对各类突发事件的能力；提高公众对电力应急工作的了解，提高电力行业的应急意识，提高电力行业应急与社会应急的协调和配合。

目前，我国电力应急技术标准化工作主要依托2012年成立的能源行业电力应急技术标准化技术委员会（NEA/TC25，以下简称"标委会"），标委会主要负责能源行业电力应急预案、电力应急指挥中心、电力应急培训演练、电力应急物资、电力应急平台、发电厂应急、电网应急、电力应急能力评估和电力应急产品等相关的标准化工作。已经立项的标准包括《电力应急充电方舱技术规范》《电力应急移动照明灯技术要求》《电网企业应急能力建设评估规范》《发电企业应急能力建设评估规范》《电力应急标识规范》《电力突发事件信息报送技术规范》《电网突发事件情景构建技术规范》《电网大面积停电应急处置情景推演技术导则》等。

名词解释

电力系统安全保障体系（主动安全）可分为三道防线：第一道防线，坚强的电网结构，奠定电力系统安全的坚实基础；第二道防线，最优的自动控制系统，提升电力系统的安全运行水平；第三道防线，安全的运行方式，保证电力系统运行在安全水平。

电力系统稳定控制体系（被动安全）主要包括传统的安全稳定三道防线：第一道防线，快速切除故障元件，防止故障扩大；第二道防线，采取稳定控制措施，防止系统失去稳定；第三道防线，系统失去稳定后，防止发生大面积停电。

6.5 应急电源保障

【预案原文】

提高电力系统快速恢复能力，加强电网"黑启动"能力建设。国家有关部门和电力企业应充分考虑电源规划布局，保障各地区"黑启动"电源。电力企业应配备适量的应急发电装备，必要时提供应急电源支援。重要电力用户应按照国家有关技术要求配置应急电源，并加强维护和管理，确保应急状态下能够投入运行。

【法规依据】

《电力安全事故应急处置和调查处理条例》。

第十八条 事故造成重要电力用户供电中断的，重要电力用户应当按照有关技术要求迅速启动自备应急电源；启动自备应急电源无效的，电网企业应当提供必要的支援。

【解读】

1. 电力系统快速恢复能力建设

恢复能力（resilience）的概念最早由加拿大生态学家 Holling 引入生态学领域，之后逐步扩展到其他学科及工业领域，被广泛用于评价个体、集体或系统承受外部扰动后恢复的能力。电力系统的运行规划需要满足一定的可靠性指标以保证系统持续稳定供电，现代电力系统一般能够快速识别设备故障、隔离故障并进行修复。

典型的电力系统自愈时间曲线如图 6 所示。

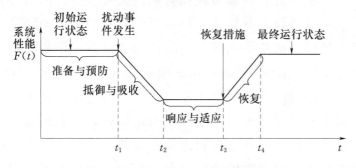

图 6 典型的电力系统自愈时间曲线

建设电力系统快速恢复能力的工作主要集中在以下几方面：

（1）科学规划电网结构，从结构和运行方式上构建安全稳定的电网。多年以来，我国电网建设走的是以坚强结构的大区同步电网为主的路线，在实现大区内资源优化的同时，也实现了较高的安全水平，积累了大量强联系电网的规划和运行经验。近年来，随着特高压技术的快速发展和骨干特高压交直流网间联络的建设，大区间的电网连接进一步加强，全网稳定性进一步得到提升。在规划过程中要严格遵循《电力系统安全稳定导则》规定的电网安全稳定标准，形成合理网架结构的基本原则。

（2）积极发展智能电网技术，从电网自愈能力上构建安全稳定的电网。智能电网技术的快速发展使电网进一步向高安全性、高可靠性和具备自愈能力的方向发展，其重大意义在于电网具备了完善的信息采集、监测、判别系统，并在通信与计算技术发展的支持下，对故障识别和处置的实时性和智能性大大提高，同时，智能电力电子设备有效地支持了对电网扰动的本地隔离与自动处理，避免了电网因故障传递而导致大面积停电。

（3）充分利用能源互联网技术创新，构建弹性电网。弹性电网与传统电网最大的不同就是传统电网通常有预定义的稳定运行区间，电网运行状态一旦超越稳定运行区间就会导致运行状态震荡反馈，最终发生大面积停电事件；而弹性电网则具有在各种运行状态下无需人工干预自动收敛到稳定运行状态的特性，从本质上杜绝了电网因扰动而导致的灾难性连锁反应。弹性电网的构建需要包括储能、智能电力电子网关以及电网分布式自治单元等能源互联网技术的支持。

2. 电网黑启动能力建设

在大面积停电事件中，全网解列后经由黑启动逐步恢复电网运行是可能出现的最严重的极端场景。因此，电网的黑启动能力建设是大面积停电事件应对能力建设的必备环节。从历史经验来看，2006年"达维"台风造成海南全岛停电后，海南电网有限责任公司迅速启动海南电网黑启动预案，通过南丰水电站、大广坝水电厂、金海浆纸自备电厂、洋浦电厂的相继启动，在4小时内成功实现了海南电网的黑启动。2008年南方雨雪冰冻灾害时，贵州省电网全网解列成五个电网运行，贵州省东部铜仁地区电网全停，在国家应急指挥部的指挥和协调下，紧急从国网湖南公坪变电站送电至贵州大龙电厂继而实现大龙电厂黑启动并逐步恢复贵州铜仁地区电网。

在规划和建设电网黑启动能力的过程中，要着重考虑以下方面：

（1）电网企业要针对灾害可能造成的大面积停电、电网解列、孤网运行等情况，制订和完善电网黑启动等应急处置预案。在灾害性天气多发季节，电网应急保安电源要做好应急启动和孤网运行的准备。

（2）利用燃油、燃气机组作为黑启动机组的，要充分考虑机组的燃料储备以及机组的启动动力。

（3）利用水电站或抽水蓄能电站作为黑启动机组

的，要监控并保障水库的最低水位。

（4）随着电网技术发展，大型储能电站和分布式可再生能源电站开始有能力承担电网黑启动节点的职能。

（5）作为大面积停电事件应对的基本保障，电力企业应就电网黑启动进行定期演练。

3. 优化电源布局

《国务院批转发展改革委电监会关于加强电力系统抗灾能力建设的若干意见》中提出以下关于优化电源布局的要求：

（1）电力建设要坚持统一规划的原则，统筹考虑水源、煤炭、运输、土地、环境以及电力需求等各种因素，处理好电源与电网、输电与配电、城市与农村、电力内发与外供、一次系统与二次系统的关系，合理布局电源，科学规划电网。

（2）电力规划要充分考虑自然灾害的影响，在低温雨雪冰冻、地震、洪水、台风等自然灾害易发地区建设电力工程，要充分论证、慎重决策。要根据电力资源和需求的分布情况，优化电源电网结构布局，合理确定输电范围，实施电网分层分区运行和无功就近平衡。要科学规划发电装机规模，适度配置备用容量，坚持电网、电源协调发展。

（3）电源建设要与区域电力需求相适应，分散布局，就近供电，分级接入电网。鼓励以清洁高效为前提，因地制宜、有序开发建设小型水力、风力、太阳能、生物质能等电站，适当加强分布式电站规划建设，提高就地供电能力。结合西部地区水电开发和负荷增长，积极推进西电东送，根据煤炭、水资源分布情况，合理实施煤电外送。进一步优化火电、水电、核电等电源构成比例，加快核电和可再生能源发电建设，缓解煤炭生产和运输压力。

（4）受端电网和重要负荷中心要多通道、多方向输入电力，合理控制单一通道送电容量，要建设一定容量的支撑电源，形成内发外供、布局合理的电源格局。重要负荷中心电网要适当规划配置应对大面积停电的应急保安电源，具备特殊情况下孤网运行和黑启动能力。

名词解释

黑启动。是指整个系统因故障停运后，不依赖别的网络帮助，通过系统中具有自启动能力的发电机组启动，带动无自启动能力的发电机组，逐渐扩大系统恢复范围，最终实现整个系统的恢复。

6.6　资金保障

【预案原文】

发展改革委、财政部、民政部、国资委、能源局等有关部门和地方各级人民政府以及各相关电力企业应按照有关规定，对大面积停电事件处置工作提供必要的资金保障。

【法规依据】

1.《中华人民共和国突发事件应对法》

第三十四条　国家鼓励公民、法人和其他组织为人民政府应对突发事件工作提供物资、资金、技术支持和捐赠。

第三十五条　国家发展保险事业，建立国家财政支持的巨灾风险保险体系，并鼓励单位和公民参加保险。

2.《国家突发公共事件总体应急预案》

4.2　财力保障

要保证所需突发公共事件应急准备和救援工作资金。对受突发公共事件影响较大的行业、企事业单位和个人要及时研究提出相应的补偿或救助政策。要对突发公共事件财政应急保障资金的使用和效果进行监管和评估。

鼓励自然人、法人或者其他组织（包括国际组织）按照《中华人民共和国公益事业捐赠法》等有关法律、法规的规定进行捐赠和援助。

【解读】

在事后重建与恢复过程中，上级人民政府应当根据受影响地区遭受的损失和实际情况，提供资金、物资支持和技术指导，需要时组织其他地区提供资金、物资和人力支援。民政部和财政部依据有关规定，做好专项资金的使用和监督管理工作。

中华人民共和国《自然灾害救助条例》（国务院第577号令）中也规定由县级以上人民政府财政部门、民政部门负责自然灾害救助资金的分配、管理并监督使用情况。

人民政府是提供大面积停电事件应急专项资金的责任主体，以财政支出为主建立社会突发事件应急处置专项资金，鼓励企业、公民和社会组织的广泛参与。在专项资金严格实行财政归口管理的前提下，可以结合《中华人民共和国安全生产法》对安全生产专项资金提取的规定，建立企业共同参与，由保险和金融机构兜底的社会化应急资金保障体系。

7 附 则

7.1 预案管理

【预案原文】

本预案实施后，能源局要会同有关部门组织预案宣传、培训和演练，并根据实际情况，适时组织评估和修订。地方各级人民政府要结合当地实际制定或修订本级大面积停电事件应急预案。

7.2 预案解释

本预案由能源局负责解释。

7.3 预案实施时间

本预案自印发之日起实施。

【法规依据】

1. 《突发事件应急预案管理办法》

第二十二条 应急预案编制单位应当建立应急演练制度，根据实际情况采取实战演练、桌面推演等方式，组织开展人员广泛参与、处置联动性强、形式多样、节约高效的应急演练。

专项应急预案、部门应急预案至少每3年进行一次应急演练。

地震、台风、洪涝、滑坡、山洪泥石流等自然灾害易发区域所在地政府，重要基础设施和城市供水、供电、供气、供热等生命线工程经营管理单位，矿山、建筑施工单位和易燃易爆物品、危险化学品、放射性物品等危险物品生产、经营、储运、使用单位，公共交通工具、公共场所和医院、学校等人员密集场所的经营单位或者管理单位等，应当有针对性地经常组织开展应急演练。

第二十三条　应急演练组织单位应当组织演练评估。评估的主要内容包括：演练的执行情况，预案的合理性与可操作性，指挥协调和应急联动情况，应急人员的处置情况，演练所用设备装备的适用性，对完善预案、应急准备、应急机制、应急措施等方面的意见和建议等。

鼓励委托第三方进行演练评估。

第二十四条　应急预案编制单位应当建立定期评估制度，分析评价预案内容的针对性、实用性和可操作性，实现应急预案的动态优化和科学规范管理。

第二十五条　规定有下列情形之一的，应当及时修订应急预案：

（1）有关法律、行政法规、规章、标准、上位预案中的有关规定发生变化的。

（2）应急指挥机构及其职责发生重大调整的。

（3）面临的风险发生重大变化的。

（4）重要应急资源发生重大变化的。

（5）预案中的其他重要信息发生变化的。

（6）在突发事件实际应对和应急演练中发现问题需要作出重大调整的。

（7）应急预案制定单位认为应当修订的其他情况。

第二十六条　应急预案修订涉及组织指挥体系与职责、应急处置程序、主要处置措施、突发事件分级标准等重要内容的，修订工作应参照本办法规定的预案编制、审批、备案、公布程序组织进行。仅涉及其他内容的，修订程序可根据情况适当简化。

2.《突发事件应急预案管理办法》

第二十七条　各级政府及其部门、企事业单位、社会团体、公民等，可以向有关预案编制单位提出修订建议。

第二十八条　应急预案编制单位应当通过编发培训材料、举办培训班、开展工作研讨等方式，对与应急预案实施密切相关的管理人员和专业救援人员等组织开展应急预案培训。各级政府及其有关部门应将应急预案培训作为应急管理培训的重要内容，纳入领导干部培训、公务员培训、应急管理干部日常培训内容。

第二十九条　对需要公众广泛参与的非涉密的应急预案，编制单位应当充分利用互联网、广播、电视、报刊等多种媒体广泛宣传，制作通俗易懂、好记管用的宣传普及材料，向公众免费发放。

第十三条　各级人民政府应当针对本行政区域多发易发突发事件、主要风险等，制定本级政府及其部门应急预案编制规划，并根据实际情况变化适时修订完善。

单位和基层组织可根据应对突发事件需要，制定本单位、本基层组织应急预案编制计划。

第十四条　应急预案编制部门和单位应组成预案编制工作小组，吸收预案涉及主要部门和单位业务相关人员、有关专家及有现场处置经验的人员参加。编制工作小组组长由应急预案编制部门或单位有关负责人担任。

第十五条　编制应急预案应当在开展风险评估和应急资源调查的基础上进行。

（1）风险评估。针对突发事件特点，识别事件的危害因素，分析事件可能产生的直接后果以及次生、衍生后果，评估各种后果的危害程度，提出控制风险、治理隐患的措施。

（2）应急资源调查。全面调查本地区、本单位第一时间可调用的应急队伍、装备、物资、场所等应急资源状况和合作区域内可请求援助的应急资源状况，必要时对本地居民应急资源情况进行调查，为制定应急响应措施提供依据。

第十六条　政府及其部门应急预案编制过程中应当广泛听取有关部门、单位和专家的意见，与相关的预案作好衔接。涉及其他单位职责的，应当书面征求相关单位意见。必要时，向社会公开征求意见。单位和基层组织应急预案编制过程中，应根据法律、行政法规要求或实际需要，征求相关公民、法人或其他组织的意见。

附录1　中华人民共和国安全生产法

（中华人民共和国主席令第十三号）

目录

第一章　总　　则

第一条　为了加强安全生产工作，防止和减少生产安全事故，保障人民群众生命和财产安全，促进经济社会持续健康发展，制定本法。

第二条　在中华人民共和国领域内从事生产经营活动的单位（以下统称生产经营单位）的安全生产，适用本法；有关法律、行政法规对消防安全和道路交通安全、铁路交通安全、水上交通安全、民用航空安全以及核与辐射安全、特种设备安全另有规定的，适用其规定。

第三条　安全生产工作应当以人为本，坚持安全发展，坚持安全第一、预防为主、综合治理的方针，强化和落实生产经营单位的主体责任，建立生产经营单位负责、职工参与、政府监管、行业自律和社会监督的机制。

第四条　生产经营单位必须遵守本法和其他有关安全生产的法律、法规，加强安全生产管理，建立、健全安全生产责任制和安全生产规章制度，改善安全生产条件，推进安全生产标准化建设，提高安全生产水平，确保安全生产。

第五条　生产经营单位的主要负责人对本单位的安全生产工作全面负责。

第六条　生产经营单位的从业人员有依法获得安全生产保障的权利，并应当依法履行安全生产方面的义务。

第七条　工会依法对安全生产工作进行监督。

生产经营单位的工会依法组织职工参加本单位安全生产工作的民主管理和民主监督，维护职工在安全生产方面的合法权益。生产经营单位制定或者修改有关安全生产的规章制度，应当听取工会的意见。

第八条　国务院和县级以上地方各级人民政府应当根据国民经济和社会发展规划制定安全生产规划，并组织实施。安全生产规划应当与城乡规划相衔接。

国务院和县级以上地方各级人民政府应当加强对安全生产工作的领导，支持、督促各有关部门依法履行安全生产监督管理职责，建立健全安全生产工作协调机制，及时协调、解决安全生产监督管理中存在的重大问题。

乡、镇人民政府以及街道办事处、开发区管理机构等地方人民政府的派出机关应当按照职责，加强对本行政区域内生产经营单位安全生产状况的监督检查，协助上级人民政府有关部门依法履行安全生产监督管理职责。

第九条 国务院安全生产监督管理部门依照本法，对全国安全生产工作实施综合监督管理；县级以上地方各级人民政府安全生产监督管理部门依照本法，对本行政区域内安全生产工作实施综合监督管理。

国务院有关部门依照本法和其他有关法律、行政法规的规定，在各自的职责范围内对有关行业、领域的安全生产工作实施监督管理；县级以上地方各级人民政府有关部门依照本法和其他有关法律、法规的规定，在各自的职责范围内对有关行业、领域的安全生产工作实施监督管理。

安全生产监督管理部门和对有关行业、领域的安全生产工作实施监督管理的部门，统称负有安全生产监督管理职责的部门。

第十条 国务院有关部门应当按照保障安全生产的要求，依法及时制定有关的国家标准或者行业标准，并根据科技进步和经济发展适时修订。

生产经营单位必须执行依法制定的保障安全生产的国家标准或者行业标准。

第十一条　各级人民政府及其有关部门应当采取多种形式，加强对有关安全生产的法律、法规和安全生产知识的宣传，增强全社会的安全生产意识。

第十二条　有关协会组织依照法律、行政法规和章程，为生产经营单位提供安全生产方面的信息、培训等服务，发挥自律作用，促进生产经营单位加强安全生产管理。

第十三条　依法设立的为安全生产提供技术、管理服务的机构，依照法律、行政法规和执业准则，接受生产经营单位的委托为其安全生产工作提供技术、管理服务。

生产经营单位委托前款规定的机构提供安全生产技术、管理服务的，保证安全生产的责任仍由本单位负责。

第十四条　国家实行生产安全事故责任追究制度，依照本法和有关法律、法规的规定，追究生产安全事故责任人员的法律责任。

第十五条　国家鼓励和支持安全生产科学技术研究和安全生产先进技术的推广应用，提高安全生产水平。

第十六条　国家对在改善安全生产条件、防止生产安全事故、参加抢险救护等方面取得显著成绩的单位和个人，给予奖励。

第二章　生产经营单位的安全生产保障

第十七条　生产经营单位应当具备本法和有关法

律、行政法规和国家标准或者行业标准规定的安全生产条件；不具备安全生产条件的，不得从事生产经营活动。

第十八条　生产经营单位的主要负责人对本单位安全生产工作负有下列职责：

（一）建立、健全本单位安全生产责任制；

（二）组织制定本单位安全生产规章制度和操作规程；

（三）组织制定并实施本单位安全生产教育和培训计划；

（四）保证本单位安全生产投入的有效实施；

（五）督促、检查本单位的安全生产工作，及时消除生产安全事故隐患；

（六）组织制定并实施本单位的生产安全事故应急救援预案；

（七）及时、如实报告生产安全事故。

第十九条　生产经营单位的安全生产责任制应当明确各岗位的责任人员、责任范围和考核标准等内容。

生产经营单位应当建立相应的机制，加强对安全生产责任制落实情况的监督考核，保证安全生产责任制的落实。

第二十条　生产经营单位应当具备的安全生产条件所必需的资金投入，由生产经营单位的决策机构、主要负责人或者个人经营的投资人予以保证，并对由于安全生产所必需的资金投入不足导致的后果承担责任。

有关生产经营单位应当按照规定提取和使用安全生

产费用，专门用于改善安全生产条件。安全生产费用在成本中据实列支。安全生产费用提取、使用和监督管理的具体办法由国务院财政部门会同国务院安全生产监督管理部门征求国务院有关部门意见后制定。

第二十一条　矿山、金属冶炼、建筑施工、道路运输单位和危险物品的生产、经营、储存单位，应当设置安全生产管理机构或者配备专职安全生产管理人员。

前款规定以外的其他生产经营单位，从业人员超过一百人的，应当设置安全生产管理机构或者配备专职安全生产管理人员；从业人员在一百人以下的，应当配备专职或者兼职的安全生产管理人员。

第二十二条　生产经营单位的安全生产管理机构以及安全生产管理人员履行下列职责：

（一）组织或者参与拟订本单位安全生产规章制度、操作规程和生产安全事故应急救援预案；

（二）组织或者参与本单位安全生产教育和培训，如实记录安全生产教育和培训情况；

（三）督促落实本单位重大危险源的安全管理措施；

（四）组织或者参与本单位应急救援演练；

（五）检查本单位的安全生产状况，及时排查生产安全事故隐患，提出改进安全生产管理的建议；

（六）制止和纠正违章指挥、强令冒险作业、违反操作规程的行为；

（七）督促落实本单位安全生产整改措施。

第二十三条　生产经营单位的安全生产管理机构以及安全生产管理人员应当恪尽职守，依法履行职责。

生产经营单位作出涉及安全生产的经营决策，应当听取安全生产管理机构以及安全生产管理人员的意见。

生产经营单位不得因安全生产管理人员依法履行职责而降低其工资、福利等待遇或者解除与其订立的劳动合同。

危险物品的生产、储存单位以及矿山、金属冶炼单位的安全生产管理人员的任免，应当告知主管的负有安全生产监督管理职责的部门。

第二十四条 生产经营单位的主要负责人和安全生产管理人员必须具备与本单位所从事的生产经营活动相应的安全生产知识和管理能力。

危险物品的生产、经营、储存单位以及矿山、金属冶炼、建筑施工、道路运输单位的主要负责人和安全生产管理人员，应当由主管的负有安全生产监督管理职责的部门对其安全生产知识和管理能力考核合格。考核不得收费。

危险物品的生产、储存单位以及矿山、金属冶炼单位应当有注册安全工程师从事安全生产管理工作。鼓励其他生产经营单位聘用注册安全工程师从事安全生产管理工作。注册安全工程师按专业分类管理，具体办法由国务院人力资源和社会保障部门、国务院安全生产监督管理部门会同国务院有关部门制定。

第二十五条 生产经营单位应当对从业人员进行安全生产教育和培训，保证从业人员具备必要的安全生产知识，熟悉有关的安全生产规章制度和安全操作规程，掌握本岗位的安全操作技能，了解事故应急处理措施，知悉自身在安全生产方面的权利和义务。未经安全生产教育和培训合格的从业人员，不得上岗作业。

生产经营单位使用被派遣劳动者的，应当将被派遣劳动者纳入本单位从业人员统一管理，对被派遣劳动者进行岗位安全操作规程和安全操作技能的教育和培训。劳务派遣单位应当对被派遣劳动者进行必要的安全生产教育和培训。

生产经营单位接收中等职业学校、高等学校学生实习的，应当对实习学生进行相应的安全生产教育和培训，提供必要的劳动防护用品。学校应当协助生产经营单位对实习学生进行安全生产教育和培训。

生产经营单位应当建立安全生产教育和培训档案，如实记录安全生产教育和培训的时间、内容、参加人员以及考核结果等情况。

第二十六条 生产经营单位采用新工艺、新技术、新材料或者使用新设备，必须了解、掌握其安全技术特性，采取有效的安全防护措施，并对从业人员进行专门的安全生产教育和培训。

第二十七条 生产经营单位的特种作业人员必须按照国家有关规定经专门的安全作业培训，取得相应资格，方可上岗作业。

特种作业人员的范围由国务院安全生产监督管理部门会同国务院有关部门确定。

第二十八条 生产经营单位新建、改建、扩建工程项目（以下统称建设项目）的安全设施，必须与主体工程同时设计、同时施工、同时投入生产和使用。安全设施投资应当纳入建设项目概算。

第二十九条　矿山、金属冶炼建设项目和用于生产、储存、装卸危险物品的建设项目，应当按照国家有关规定进行安全评价。

第三十条　建设项目安全设施的设计人、设计单位应当对安全设施设计负责。

矿山、金属冶炼建设项目和用于生产、储存、装卸危险物品的建设项目的安全设施设计应当按照国家有关规定报经有关部门审查，审查部门及其负责审查的人员对审查结果负责。

第三十一条　矿山、金属冶炼建设项目和用于生产、储存、装卸危险物品的建设项目的施工单位必须按照批准的安全设施设计施工，并对安全设施的工程质量负责。

矿山、金属冶炼建设项目和用于生产、储存危险物品的建设项目竣工投入生产或者使用前，应当由建设单位负责组织对安全设施进行验收；验收合格后，方可投入生产和使用。安全生产监督管理部门应当加强对建设单位验收活动和验收结果的监督核查。

第三十二条　生产经营单位应当在有较大危险因素的生产经营场所和有关设施、设备上，设置明显的安全警示标志。

第三十三条　安全设备的设计、制造、安装、使用、检测、维修、改造和报废，应当符合国家标准或者行业标准。

生产经营单位必须对安全设备进行经常性维护、保养，并定期检测，保证正常运转。维护、保养、检测应当做好记录，并由有关人员签字。

第三十四条 生产经营单位使用的危险物品的容器、运输工具，以及涉及人身安全、危险性较大的海洋石油开采特种设备和矿山井下特种设备，必须按照国家有关规定，由专业生产单位生产，并经具有专业资质的检测、检验机构检测、检验合格，取得安全使用证或者安全标志，方可投入使用。检测、检验机构对检测、检验结果负责。

第三十五条 国家对严重危及生产安全的工艺、设备实行淘汰制度，具体目录由国务院安全生产监督管理部门会同国务院有关部门制定并公布。法律、行政法规对目录的制定另有规定的，适用其规定。

省、自治区、直辖市人民政府可以根据本地区实际情况制定并公布具体目录，对前款规定以外的危及生产安全的工艺、设备予以淘汰。

生产经营单位不得使用应当淘汰的危及生产安全的工艺、设备。

第三十六条 生产、经营、运输、储存、使用危险物品或者处置废弃危险物品的，由有关主管部门依照有关法律、法规的规定和国家标准或者行业标准审批并实施监督管理。

生产经营单位生产、经营、运输、储存、使用危险物品或者处置废弃危险物品，必须执行有关法律、法规和国家标准或者行业标准，建立专门的安全管理制度，采取可靠的安全措施，接受有关主管部门依法实施的监督管理。

第三十七条 生产经营单位对重大危险源应当登记建档，进行定期检测、评估、监控，并制定应急预案，告知从业人员和相关人员在紧急情况下应当采取的应急措施。

生产经营单位应当按照国家有关规定将本单位重大危险源及有关安全措施、应急措施报有关地方人民政府安全生产监督管理部门和有关部门备案。

第三十八条 生产经营单位应当建立健全生产安全事故隐患排查治理制度，采取技术、管理措施，及时发现并消除事故隐患。事故隐患排查治理情况应当如实记录，并向从业人员通报。

县级以上地方各级人民政府负有安全生产监督管理职责的部门应当建立健全重大事故隐患治理督办制度，督促生产经营单位消除重大事故隐患。

第三十九条 生产、经营、储存、使用危险物品的车间、商店、仓库不得与员工宿舍在同一座建筑物内，并应当与员工宿舍保持安全距离。

生产经营场所和员工宿舍应当设有符合紧急疏散要求、标志明显、保持畅通的出口。禁止锁闭、封堵生产经营场所或者员工宿舍的出口。

第四十条 生产经营单位进行爆破、吊装以及国务院安全生产监督管理部门会同国务院有关部门规定的其他危险作业，应当安排专门人员进行现场安全管理，确保操作规程的遵守和安全措施的落实。

第四十一条 生产经营单位应当教育和督促从业人

员严格执行本单位的安全生产规章制度和安全操作规程；并向从业人员如实告知作业场所和工作岗位存在的危险因素、防范措施以及事故应急措施。

第四十二条 生产经营单位必须为从业人员提供符合国家标准或者行业标准的劳动防护用品，并监督、教育从业人员按照使用规则佩戴、使用。

第四十三条 生产经营单位的安全生产管理人员应当根据本单位的生产经营特点，对安全生产状况进行经常性检查；对检查中发现的安全问题，应当立即处理；不能处理的，应当及时报告本单位有关负责人，有关负责人应当及时处理。检查及处理情况应当如实记录在案。

生产经营单位的安全生产管理人员在检查中发现重大事故隐患，依照前款规定向本单位有关负责人报告，有关负责人不及时处理的，安全生产管理人员可以向主管的负有安全生产监督管理职责的部门报告，接到报告的部门应当依法及时处理。

第四十四条 生产经营单位应当安排用于配备劳动防护用品、进行安全生产培训的经费。

第四十五条 两个以上生产经营单位在同一作业区域内进行生产经营活动，可能危及对方生产安全的，应当签订安全生产管理协议，明确各自的安全生产管理职责和应当采取的安全措施，并指定专职安全生产管理人员进行安全检查与协调。

第四十六条 生产经营单位不得将生产经营项目、场所、设备发包或者出租给不具备安全生产条件或者相应资质的单位或者个人。

生产经营项目、场所发包或者出租给其他单位的，生产经营单位应当与承包单位、承租单位签订专门的安全生产管理协议，或者在承包合同、租赁合同中约定各自的安全生产管理职责；生产经营单位对承包单位、承租单位的安全生产工作统一协调、管理，定期进行安全检查，发现安全问题的，应当及时督促整改。

第四十七条 生产经营单位发生生产安全事故时，单位的主要负责人应当立即组织抢救，并不得在事故调查处理期间擅离职守。

第四十八条 生产经营单位必须依法参加工伤保险，为从业人员缴纳保险费。

国家鼓励生产经营单位投保安全生产责任保险。

第三章　从业人员的安全生产权利义务

第四十九条 生产经营单位与从业人员订立的劳动合同，应当载明有关保障从业人员劳动安全、防止职业危害的事项，以及依法为从业人员办理工伤保险的事项。

生产经营单位不得以任何形式与从业人员订立协议，免除或者减轻其对从业人员因生产安全事故伤亡依法应承担的责任。

第五十条 生产经营单位的从业人员有权了解其作业场所和工作岗位存在的危险因素、防范措施及事故应急措施，有权对本单位的安全生产工作提出建议。

第五十一条　从业人员有权对本单位安全生产工作中存在的问题提出批评、检举、控告；有权拒绝违章指挥和强令冒险作业。

生产经营单位不得因从业人员对本单位安全生产工作提出批评、检举、控告或者拒绝违章指挥、强令冒险作业而降低其工资、福利等待遇或者解除与其订立的劳动合同。

第五十二条　从业人员发现直接危及人身安全的紧急情况时，有权停止作业或者在采取可能的应急措施后撤离作业场所。

生产经营单位不得因从业人员在前款紧急情况下停止作业或者采取紧急撤离措施而降低其工资、福利等待遇或者解除与其订立的劳动合同。

第五十三条　因生产安全事故受到损害的从业人员，除依法享有工伤保险外，依照有关民事法律尚有获得赔偿的权利的，有权向本单位提出赔偿要求。

第五十四条　从业人员在作业过程中，应当严格遵守本单位的安全生产规章制度和操作规程，服从管理，正确佩戴和使用劳动防护用品。

第五十五条　从业人员应当接受安全生产教育和培训，掌握本职工作所需的安全生产知识，提高安全生产技能，增强事故预防和应急处理能力。

第五十六条　从业人员发现事故隐患或者其他不安全因素，应当立即向现场安全生产管理人员或者本单位负责人报告；接到报告的人员应当及时予以处理。

第五十七条　工会有权对建设项目的安全设施与主

体工程同时设计、同时施工、同时投入生产和使用进行监督，提出意见。

工会对生产经营单位违反安全生产法律、法规，侵犯从业人员合法权益的行为，有权要求纠正；发现生产经营单位违章指挥、强令冒险作业或者发现事故隐患时，有权提出解决的建议，生产经营单位应当及时研究答复；发现危及从业人员生命安全的情况时，有权向生产经营单位建议组织从业人员撤离危险场所，生产经营单位必须立即作出处理。

工会有权依法参加事故调查，向有关部门提出处理意见，并要求追究有关人员的责任。

第五十八条 生产经营单位使用被派遣劳动者的，被派遣劳动者享有本法规定的从业人员的权利，并应当履行本法规定的从业人员的义务。

第四章 安全生产的监督管理

第五十九条 县级以上地方各级人民政府应当根据本行政区域内的安全生产状况，组织有关部门按照职责分工，对本行政区域内容易发生重大生产安全事故的生产经营单位进行严格检查。

安全生产监督管理部门应当按照分类分级监督管理的要求，制定安全生产年度监督检查计划，并按照年度监督检查计划进行监督检查，发现事故隐患，应当及时处理。

第六十条 负有安全生产监督管理职责的部门依照

有关法律、法规的规定，对涉及安全生产的事项需要审查批准（包括批准、核准、许可、注册、认证、颁发证照等，下同）或者验收的，必须严格依照有关法律、法规和国家标准或者行业标准规定的安全生产条件和程序进行审查；不符合有关法律、法规和国家标准或者行业标准规定的安全生产条件的，不得批准或者验收通过。对未依法取得批准或者验收合格的单位擅自从事有关活动的，负责行政审批的部门发现或者接到举报后应当立即予以取缔，并依法予以处理。对已经依法取得批准的单位，负责行政审批的部门发现其不再具备安全生产条件的，应当撤销原批准。

第六十一条　负有安全生产监督管理职责的部门对涉及安全生产的事项进行审查、验收，不得收取费用；不得要求接受审查、验收的单位购买其指定品牌或者指定生产、销售单位的安全设备、器材或者其他产品。

第六十二条　安全生产监督管理部门和其他负有安全生产监督管理职责的部门依法开展安全生产行政执法工作，对生产经营单位执行有关安全生产的法律、法规和国家标准或者行业标准的情况进行监督检查，行使以下职权：

（一）进入生产经营单位进行检查，调阅有关资料，向有关单位和人员了解情况；

（二）对检查中发现的安全生产违法行为，当场予以纠正或者要求限期改正；对依法应当给予行政处罚的行为，依照本法和其他有关法律、行政法规的规定作出行政处罚决定；

（三）对检查中发现的事故隐患，应当责令立即排除；重大事故隐患排除前或者排除过程中无法保证安全的，应当责令从危险区域内撤出作业人员，责令暂时停产停业或者停止使用相关设施、设备；重大事故隐患排除后，经审查同意，方可恢复生产经营和使用；

（四）对有根据认为不符合保障安全生产的国家标准或者行业标准的设施、设备、器材以及违法生产、储存、使用、经营、运输的危险物品予以查封或者扣押，对违法生产、储存、使用、经营危险物品的作业场所予以查封，并依法作出处理决定。

监督检查不得影响被检查单位的正常生产经营活动。

第六十三条 生产经营单位对负有安全生产监督管理职责的部门的监督检查人员（以下统称安全生产监督检查人员）依法履行监督检查职责，应当予以配合，不得拒绝、阻挠。

第六十四条 安全生产监督检查人员应当忠于职守，坚持原则，秉公执法。

安全生产监督检查人员执行监督检查任务时，必须出示有效的监督执法证件；对涉及被检查单位的技术秘密和业务秘密，应当为其保密。

第六十五条 安全生产监督检查人员应当将检查的时间、地点、内容、发现的问题及其处理情况，作出书面记录，并由检查人员和被检查单位的负责人签字；被检查单位的负责人拒绝签字的，检查人员应当将情况记录在案，并向负有安全生产监督管理职责的部门报告。

第六十六条　负有安全生产监督管理职责的部门在监督检查中，应当互相配合，实行联合检查；确需分别进行检查的，应当互通情况，发现存在的安全问题应当由其他有关部门进行处理的，应当及时移送其他有关部门并形成记录备查，接受移送的部门应当及时进行处理。

第六十七条　负有安全生产监督管理职责的部门依法对存在重大事故隐患的生产经营单位作出停产停业、停止施工、停止使用相关设施或者设备的决定，生产经营单位应当依法执行，及时消除事故隐患。生产经营单位拒不执行，有发生生产安全事故的现实危险的，在保证安全的前提下，经本部门主要负责人批准，负有安全生产监督管理职责的部门可以采取通知有关单位停止供电、停止供应民用爆炸物品等措施，强制生产经营单位履行决定。通知应当采用书面形式，有关单位应当予以配合。

负有安全生产监督管理职责的部门依照前款规定采取停止供电措施，除有危及生产安全的紧急情形外，应当提前二十四小时通知生产经营单位。生产经营单位依法履行行政决定、采取相应措施消除事故隐患的，负有安全生产监督管理职责的部门应当及时解除前款规定的措施。

第六十八条　监察机关依照行政监察法的规定，对负有安全生产监督管理职责的部门及其工作人员履行安全生产监督管理职责实施监察。

第六十九条　承担安全评价、认证、检测、检验的机构应当具备国家规定的资质条件，并对其作出的安全评价、认证、检测、检验的结果负责。

第七十条　负有安全生产监督管理职责的部门应当建立举报制度，公开举报电话、信箱或者电子邮件地址，受理有关安全生产的举报；受理的举报事项经调查核实后，应当形成书面材料；需要落实整改措施的，报经有关负责人签字并督促落实。

第七十一条　任何单位或者个人对事故隐患或者安全生产违法行为，均有权向负有安全生产监督管理职责的部门报告或者举报。

第七十二条　居民委员会、村民委员会发现其所在区域内的生产经营单位存在事故隐患或者安全生产违法行为时，应当向当地人民政府或者有关部门报告。

第七十三条　县级以上各级人民政府及其有关部门对报告重大事故隐患或者举报安全生产违法行为的有功人员，给予奖励。具体奖励办法由国务院安全生产监督管理部门会同国务院财政部门制定。

第七十四条　新闻、出版、广播、电影、电视等单位有进行安全生产公益宣传教育的义务，有对违反安全生产法律、法规的行为进行舆论监督的权利。

第七十五条　负有安全生产监督管理职责的部门应当建立安全生产违法行为信息库，如实记录生产经营单位的安全生产违法行为信息；对违法行为情节严重的生产经营单位，应当向社会公告，并通报行业主管部门、投资主管部门、国土资源主管部门、证券监督管理机构以及有关金融机构。

第五章　生产安全事故的应急救援
与调查处理

第七十六条　国家加强生产安全事故应急能力建设，在重点行业、领域建立应急救援基地和应急救援队伍，鼓励生产经营单位和其他社会力量建立应急救援队伍，配备相应的应急救援装备和物资，提高应急救援的专业化水平。

国务院安全生产监督管理部门建立全国统一的生产安全事故应急救援信息系统，国务院有关部门建立健全相关行业、领域的生产安全事故应急救援信息系统。

第七十七条　县级以上地方各级人民政府应当组织有关部门制定本行政区域内生产安全事故应急救援预案，建立应急救援体系。

第七十八条　生产经营单位应当制定本单位生产安全事故应急救援预案，与所在地县级以上地方人民政府组织制定的生产安全事故应急救援预案相衔接，并定期组织演练。

第七十九条　危险物品的生产、经营、储存单位以及矿山、金属冶炼、城市轨道交通运营、建筑施工单位应当建立应急救援组织；生产经营规模较小的，可以不建立应急救援组织，但应当指定兼职的应急救援人员。

危险物品的生产、经营、储存、运输单位以及矿山、金属冶炼、城市轨道交通运营、建筑施工单位应当配备必要的应急救援器材、设备和物资，并进行经常性维护、保养，保证正常运转。

第八十条 生产经营单位发生生产安全事故后，事故现场有关人员应当立即报告本单位负责人。

单位负责人接到事故报告后，应当迅速采取有效措施，组织抢救，防止事故扩大，减少人员伤亡和财产损失，并按照国家有关规定立即如实报告当地负有安全生产监督管理职责的部门，不得隐瞒不报、谎报或者迟报，不得故意破坏事故现场、毁灭有关证据。

第八十一条 负有安全生产监督管理职责的部门接到事故报告后，应当立即按照国家有关规定上报事故情况。负有安全生产监督管理职责的部门和有关地方人民政府对事故情况不得隐瞒不报、谎报或者迟报。

第八十二条 有关地方人民政府和负有安全生产监督管理职责的部门的负责人接到生产安全事故报告后，应当按照生产安全事故应急救援预案的要求立即赶到事故现场，组织事故抢救。

参与事故抢救的部门和单位应当服从统一指挥，加强协同联动，采取有效的应急救援措施，并根据事故救援的需要采取警戒、疏散等措施，防止事故扩大和次生灾害的发生，减少人员伤亡和财产损失。

事故抢救过程中应当采取必要措施，避免或者减少对环境造成的危害。

任何单位和个人都应当支持、配合事故抢救，并提供一切便利条件。

第八十三条 事故调查处理应当按照科学严谨、依法依规、实事求是、注重实效的原则，及时、准确地查清事故原因，查明事故性质和责任，总结事故教训，提出整改措施，并对事故责任者提出处理意见。事故调查报告应当依法及时向社会公布。事故调查和处理的具体办法由国务院制定。

事故发生单位应当及时全面落实整改措施，负有安全生产监督管理职责的部门应当加强监督检查。

第八十四条 生产经营单位发生生产安全事故，经调查确定为责任事故的，除了应当查明事故单位的责任并依法予以追究外，还应当查明对安全生产的有关事项负有审查批准和监督职责的行政部门的责任，对有失职、渎职行为的，依照本法第八十七条的规定追究法律责任。

第八十五条 任何单位和个人不得阻挠和干涉对事故的依法调查处理。

第八十六条 县级以上地方各级人民政府安全生产监督管理部门应当定期统计分析本行政区域内发生生产安全事故的情况，并定期向社会公布。

第六章　法　律　责　任

第八十七条 负有安全生产监督管理职责的部门的工作人员，有下列行为之一的，给予降级或者撤职的处分；构成犯罪的，依照刑法有关规定追究刑事责任：

（一）对不符合法定安全生产条件的涉及安全生产的事项予以批准或者验收通过的；

（二）发现未依法取得批准、验收的单位擅自从事有关活动或者接到举报后不予取缔或者不依法予以处理的；

（三）对已经依法取得批准的单位不履行监督管理职责，发现其不再具备安全生产条件而不撤销原批准或者发现安全生产违法行为不予查处的；

（四）在监督检查中发现重大事故隐患，不依法及时处理的。

负有安全生产监督管理职责的部门的工作人员有前款规定以外的滥用职权、玩忽职守、徇私舞弊行为的，依法给予处分；构成犯罪的，依照刑法有关规定追究刑事责任。

第八十八条 负有安全生产监督管理职责的部门，要求被审查、验收的单位购买其指定的安全设备、器材或者其他产品的，在对安全生产事项的审查、验收中收取费用的，由其上级机关或者监察机关责令改正，责令退还收取的费用；情节严重的，对直接负责的主管人员和其他直接责任人员依法给予处分。

第八十九条 承担安全评价、认证、检测、检验工作的机构，出具虚假证明的，没收违法所得；违法所得在十万元以上的，并处违法所得二倍以上五倍以下的罚款；没有违法所得或者违法所得不足十万元的，单处或者并处十万元以上二十万元以下的罚款；对其直接负责的主管人员和其他直接责任人员处二万元以上五万元以下的罚款；给他人造成损害的，与生产经营单位承担连带赔偿责任；构成犯罪的，依照刑法有关规定追究刑事责任。

对有前款违法行为的机构，吊销其相应资质。

第九十条　生产经营单位的决策机构、主要负责人或者个人经营的投资人不依照本法规定保证安全生产所必需的资金投入，致使生产经营单位不具备安全生产条件的，责令限期改正，提供必需的资金；逾期未改正的，责令生产经营单位停产停业整顿。

有前款违法行为，导致发生生产安全事故的，对生产经营单位的主要负责人给予撤职处分，对个人经营的投资人处二万元以上二十万元以下的罚款；构成犯罪的，依照刑法有关规定追究刑事责任。

第九十一条　生产经营单位的主要负责人未履行本法规定的安全生产管理职责的，责令限期改正；逾期未改正的，处二万元以上五万元以下的罚款，责令生产经营单位停产停业整顿。

生产经营单位的主要负责人有前款违法行为，导致发生生产安全事故的，给予撤职处分；构成犯罪的，依照刑法有关规定追究刑事责任。

生产经营单位的主要负责人依照前款规定受刑事处罚或者撤职处分的，自刑罚执行完毕或者受处分之日起，五年内不得担任任何生产经营单位的主要负责人；对重大、特别重大生产安全事故负有责任的，终身不得担任本行业生产经营单位的主要负责人。

第九十二条　生产经营单位的主要负责人未履行本法规定的安全生产管理职责，导致发生生产安全事故的，由安全生产监督管理部门依照下列规定处以罚款：

（一）发生一般事故的，处上一年年收入百分之三十的罚款；

（二）发生较大事故的，处上一年年收入百分之四十的罚款；

（三）发生重大事故的，处上一年年收入百分之六十的罚款；

（四）发生特别重大事故的，处上一年年收入百分之八十的罚款。

第九十三条　生产经营单位的安全生产管理人员未履行本法规定的安全生产管理职责的，责令限期改正；导致发生生产安全事故的，暂停或者撤销其与安全生产有关的资格；构成犯罪的，依照刑法有关规定追究刑事责任。

第九十四条　生产经营单位有下列行为之一的，责令限期改正，可以处五万元以下的罚款；逾期未改正的，责令停产停业整顿，并处五万元以上十万元以下的罚款，对其直接负责的主管人员和其他直接责任人员处一万元以上二万元以下的罚款：

（一）未按照规定设置安全生产管理机构或者配备安全生产管理人员的；

（二）危险物品的生产、经营、储存单位以及矿山、金属冶炼、建筑施工、道路运输单位的主要负责人和安全生产管理人员未按照规定经考核合格的；

（三）未按照规定对从业人员、被派遣劳动者、实习学生进行安全生产教育和培训，或者未按照规定如实告知有关的安全生产事项的；

（四）未如实记录安全生产教育和培训情况的；

（五）未将事故隐患排查治理情况如实记录或者未向从业人员通报的；

（六）未按照规定制定生产安全事故应急救援预案或者未定期组织演练的；

（七）特种作业人员未按照规定经专门的安全作业培训并取得相应资格，上岗作业的。

第九十五条 生产经营单位有下列行为之一的，责令停止建设或者停产停业整顿，限期改正；逾期未改正的，处五十万元以上一百万元以下的罚款，对其直接负责的主管人员和其他直接责任人员处二万元以上五万元以下的罚款；构成犯罪的，依照刑法有关规定追究刑事责任：

（一）未按照规定对矿山、金属冶炼建设项目或者用于生产、储存、装卸危险物品的建设项目进行安全评价的；

（二）矿山、金属冶炼建设项目或者用于生产、储存、装卸危险物品的建设项目没有安全设施设计或者安全设施设计未按照规定报经有关部门审查同意的；

（三）矿山、金属冶炼建设项目或者用于生产、储存、装卸危险物品的建设项目的施工单位未按照批准的安全设施设计施工的；

（四）矿山、金属冶炼建设项目或者用于生产、储存危险物品的建设项目竣工投入生产或者使用前，安全设施未经验收合格的。

第九十六条 生产经营单位有下列行为之一的，责令限期改正，可以处五万元以下的罚款；逾期未改正的，处五万元以上二十万元以下的罚款，对其直接负责的主管人员和其他直接责任人员处一万元以上二万元以下的罚款；情节严重的，责令停产停业整顿；构成犯罪的，依照刑法有关规定追究刑事责任：

（一）未在有较大危险因素的生产经营场所和有关设施、设备上设置明显的安全警示标志的；

（二）安全设备的安装、使用、检测、改造和报废不符合国家标准或者行业标准的；

（三）未对安全设备进行经常性维护、保养和定期检测的；

（四）未为从业人员提供符合国家标准或者行业标准的劳动防护用品的；

（五）危险物品的容器、运输工具，以及涉及人身安全、危险性较大的海洋石油开采特种设备和矿山井下特种设备未经具有专业资质的机构检测、检验合格，取得安全使用证或者安全标志，投入使用的；

（六）使用应当淘汰的危及生产安全的工艺、设备的。

第九十七条 未经依法批准，擅自生产、经营、运输、储存、使用危险物品或者处置废弃危险物品的，依照有关危险物品安全管理的法律、行政法规的规定予以处罚；构成犯罪的，依照刑法有关规定追究刑事责任。

第九十八条 生产经营单位有下列行为之一的，责令限期改正，可以处十万元以下的罚款；逾期未改正的，责令停产停业整顿，并处十万元以上二十万元以下的罚款，对其直接负责的主管人员和其他直接责任人员处二万元以上五万元以下的罚款；构成犯罪的，依照刑法有关规定追究刑事责任：

（一）生产、经营、运输、储存、使用危险物品或者处置废弃危险物品，未建立专门安全管理制度、未采取可靠的安全措施的；

（二）对重大危险源未登记建档，或者未进行评估、监控，或者未制定应急预案的；

（三）进行爆破、吊装以及国务院安全生产监督管理部门会同国务院有关部门规定的其他危险作业，未安排专门人员进行现场安全管理的；

（四）未建立事故隐患排查治理制度的。

第九十九条 生产经营单位未采取措施消除事故隐患的，责令立即消除或者限期消除；生产经营单位拒不执行的，责令停产停业整顿，并处十万元以上五十万元以下的罚款，对其直接负责的主管人员和其他直接责任人员处二万元以上五万元以下的罚款。

第一百条 生产经营单位将生产经营项目、场所、设备发包或者出租给不具备安全生产条件或者相应资质的单位或者个人的，责令限期改正，没收违法所得；违法所得十万元以上的，并处违法所得二倍以上五倍以下的罚款；没有违法所得或者违法所得不足十万元的，单处或者并处十万元以上二十万元以下的罚款；对其直接负责的主管人员和其他直接责任人员处一万元以上二万元以下的罚款；导致发生生产安全事故给他人造成损害的，与承包方、承租方承担连带赔偿责任。

生产经营单位未与承包单位、承租单位签订专门的安全生产管理协议或者未在承包合同、租赁合同中明确各自的安全生产管理职责，或者未对承包单位、承租单位的安全生产统一协调、管理的，责令限期改正，可以处五万元以下的罚款，对其直接负责的主管人员和其他直接责任人员可以处一万元以下的罚款；逾期未改正的，责令停产停业整顿。

第一百零一条 两个以上生产经营单位在同一作业区域内进行可能危及对方安全生产的生产经营活动，未签订安全生产管理协议或者未指定专职安全生产管理人员进行安全检查与协调的，责令限期改正，可以处五万元以下的罚款，对其直接负责的主管人员和其他直接责任人员可以处一万元以下的罚款；逾期未改正的，责令停产停业。

第一百零二条 生产经营单位有下列行为之一的，责令限期改正，可以处五万元以下的罚款，对其直接负责的主管人员和其他直接责任人员可以处一万元以下的罚款；逾期未改正的，责令停产停业整顿；构成犯罪的，依照刑法有关规定追究刑事责任：

（一）生产、经营、储存、使用危险物品的车间、商店、仓库与员工宿舍在同一座建筑内，或者与员工宿舍的距离不符合安全要求的；

（二）生产经营场所和员工宿舍未设有符合紧急疏散需要、标志明显、保持畅通的出口，或者锁闭、封堵生产经营场所或者员工宿舍出口的。

第一百零三条 生产经营单位与从业人员订立协议，免除或者减轻其对从业人员因生产安全事故伤亡依法应承担的责任的，该协议无效；对生产经营单位的主要负责人、个人经营的投资人处二万元以上十万元以下的罚款。

第一百零四条 生产经营单位的从业人员不服从管理，违反安全生产规章制度或者操作规程的，由生产经营单位给予批评教育，依照有关规章制度给予处分；构成犯罪的，依照刑法有关规定追究刑事责任。

第一百零五条 违反本法规定，生产经营单位拒绝、阻碍负有安全生产监督管理职责的部门依法实施监督检查的，责令改正；拒不改正的，处二万元以上二十万元以下的罚款；对其直接负责的主管人员和其他直接责任人员处一万元以上二万元以下的罚款；构成犯罪的，依照刑法有关规定追究刑事责任。

第一百零六条 生产经营单位的主要负责人在本单位发生生产安全事故时，不立即组织抢救或者在事故调查处理期间擅离职守或者逃匿的，给予降级、撤职的处分，并由安全生产监督管理部门处上一年年收入百分之六十至百分之一百的罚款；对逃匿的处十五日以下拘留；构成犯罪的，依照刑法有关规定追究刑事责任。

生产经营单位的主要负责人对生产安全事故隐瞒不报、谎报或者迟报的，依照前款规定处罚。

第一百零七条 有关地方人民政府、负有安全生产监督管理职责的部门，对生产安全事故隐瞒不报、谎报或者迟报的，对直接负责的主管人员和其他直接责任人员依法给予处分；构成犯罪的，依照刑法有关规定追究刑事责任。

第一百零八条　生产经营单位不具备本法和其他有关法律、行政法规和国家标准或者行业标准规定的安全生产条件，经停产停业整顿仍不具备安全生产条件的，予以关闭；有关部门应当依法吊销其有关证照。

第一百零九条　发生生产安全事故，对负有责任的生产经营单位除要求其依法承担相应的赔偿等责任外，由安全生产监督管理部门依照下列规定处以罚款：

（一）发生一般事故的，处二十万元以上五十万元以下的罚款；

（二）发生较大事故的，处五十万元以上一百万元以下的罚款；

（三）发生重大事故的，处一百万元以上五百万元以下的罚款；

（四）发生特别重大事故的，处五百万元以上一千万元以下的罚款；情节特别严重的，处一千万元以上二千万元以下的罚款。

第一百一十条　本法规定的行政处罚，由安全生产监督管理部门和其他负有安全生产监督管理职责的部门按照职责分工决定。予以关闭的行政处罚由负有安全生产监督管理职责的部门报请县级以上人民政府按照国务院规定的权限决定；给予拘留的行政处罚由公安机关依照治安管理处罚法的规定决定。

第一百一十一条　生产经营单位发生生产安全事故造成人员伤亡、他人财产损失的，应当依法承担赔偿责任；拒不承担或者其负责人逃匿的，由人民法院依法强制执行。

生产安全事故的责任人未依法承担赔偿责任，经人民法院依法采取执行措施后，仍不能对受害人给予足额赔偿的，应当继续履行赔偿义务；受害人发现责任人有其他财产的，可以随时请求人民法院执行。

第七章　附　　则

第一百一十二条　本法下列用语的含义：

危险物品，是指易燃易爆物品、危险化学品、放射性物品等能够危及人身安全和财产安全的物品。

重大危险源，是指长期地或者临时地生产、搬运、使用或者储存危险物品，且危险物品的数量等于或者超过临界量的单元（包括场所和设施）。

第一百一十三条　本法规定的生产安全一般事故、较大事故、重大事故、特别重大事故的划分标准由国务院规定。

国务院安全生产监督管理部门和其他负有安全生产监督管理职责的部门应当根据各自的职责分工，制定相关行业、领域重大事故隐患的判定标准。

第一百一十四条　本法自 2014 年 12 月 1 日起施行。

附录 2　中华人民共和国突发事件应对法

（中华人民共和国主席令第六十九号）

目录

第一章　总　　则

第一条　为了预防和减少突发事件的发生，控制、减轻和消除突发事件引起的严重社会危害，规范突发事件应对活动，保护人民生命财产安全，维护国家安全、公共安全、环境安全和社会秩序，制定本法。

第二条　突发事件的预防与应急准备、监测与预警、应急处置与救援、事后恢复与重建等应对活动，适用本法。

第三条 本法所称突发事件，是指突然发生，造成或者可能造成严重社会危害，需要采取应急处置措施予以应对的自然灾害、事故灾难、公共卫生事件和社会安全事件。

按照社会危害程度、影响范围等因素，自然灾害、事故灾难、公共卫生事件分为特别重大、重大、较大和一般四级。法律、行政法规或者国务院另有规定的，从其规定。

突发事件的分级标准由国务院或者国务院确定的部门制定。

第四条 国家建立统一领导、综合协调、分类管理、分级负责、属地管理为主的应急管理体制。

第五条 突发事件应对工作实行预防为主、预防与应急相结合的原则。国家建立重大突发事件风险评估体系，对可能发生的突发事件进行综合性评估，减少重大突发事件的发生，最大限度地减轻重大突发事件的影响。

第六条 国家建立有效的社会动员机制，增强全民的公共安全和防范风险的意识，提高全社会的避险救助能力。

第七条 县级人民政府对本行政区域内突发事件的应对工作负责；涉及两个以上行政区域的，由有关行政区域共同的上一级人民政府负责，或者由各有关行政区域的上一级人民政府共同负责。

突发事件发生后，发生地县级人民政府应当立即采取措施控制事态发展，组织开展应急救援和处置工作，并立即向上一级人民政府报告，必要时可以越级上报。

突发事件发生地县级人民政府不能消除或者不能有效控制突发事件引起的严重社会危害的，应当及时向上级人民政府报告。上级人民政府应当及时采取措施，统一领导应急处置工作。

法律、行政法规规定由国务院有关部门对突发事件的应对工作负责的，从其规定；地方人民政府应当积极配合并提供必要的支持。

第八条　国务院在总理领导下研究、决定和部署特别重大突发事件的应对工作；根据实际需要，设立国家突发事件应急指挥机构，负责突发事件应对工作；必要时，国务院可以派出工作组指导有关工作。

县级以上地方各级人民政府设立由本级人民政府主要负责人、相关部门负责人、驻当地中国人民解放军和中国人民武装警察部队有关负责人组成的突发事件应急指挥机构，统一领导、协调本级人民政府各有关部门和下级人民政府开展突发事件应对工作；根据实际需要，设立相关类别突发事件应急指挥机构，组织、协调、指挥突发事件应对工作。

上级人民政府主管部门应当在各自职责范围内，指导、协助下级人民政府及其相应部门做好有关突发事件的应对工作。

第九条　国务院和县级以上地方各级人民政府是突发事件应对工作的行政领导机关，其办事机构及具体职责由国务院规定。

第十条　有关人民政府及其部门作出的应对突发事

件的决定、命令，应当及时公布。

第十一条　有关人民政府及其部门采取的应对突发事件的措施，应当与突发事件可能造成的社会危害的性质、程度和范围相适应；有多种措施可供选择的，应当选择有利于最大限度地保护公民、法人和其他组织权益的措施。

公民、法人和其他组织有义务参与突发事件应对工作。

第十二条　有关人民政府及其部门为应对突发事件，可以征用单位和个人的财产。被征用的财产在使用完毕或者突发事件应急处置工作结束后，应当及时返还。财产被征用或者征用后毁损、灭失的，应当给予补偿。

第十三条　因采取突发事件应对措施，诉讼、行政复议、仲裁活动不能正常进行的，适用有关时效中止和程序中止的规定，但法律另有规定的除外。

第十四条　中国人民解放军、中国人民武装警察部队和民兵组织依照本法和其他有关法律、行政法规、军事法规的规定以及国务院、中央军事委员会的命令，参加突发事件的应急救援和处置工作。

第十五条　中华人民共和国政府在突发事件的预防、监测与预警、应急处置与救援、事后恢复与重建等方面，同外国政府和有关国际组织开展合作与交流。

第十六条　县级以上人民政府做出应对突发事件的决定、命令，应当报本级人民代表大会常务委员会备案；突发事件应急处置工作结束后，应当向本级人民代表大会常务委员会作出专项工作报告。

第二章　预防与应急准备

第十七条　国家建立健全突发事件应急预案体系。

国务院制定国家突发事件总体应急预案，组织制定国家突发事件专项应急预案；国务院有关部门根据各自的职责和国务院相关应急预案，制定国家突发事件部门应急预案。

地方各级人民政府和县级以上地方各级人民政府有关部门根据有关法律、法规、规章、上级人民政府及其有关部门的应急预案以及本地区的实际情况，制定相应的突发事件应急预案。

应急预案制定机关应当根据实际需要和情势变化，适时修订应急预案。应急预案的制定、修订程序由国务院规定。

第十八条　应急预案应当根据本法和其他有关法律、法规的规定，针对突发事件的性质、特点和可能造成的社会危害，具体规定突发事件应急管理工作的组织指挥体系与职责和突发事件的预防与预警机制、处置程序、应急保障措施以及事后恢复与重建措施等内容。

第十九条　城乡规划应当符合预防、处置突发事件的需要，统筹安排应对突发事件所必需的设备和基础设施建设，合理确定应急避难场所。

第二十条　县级人民政府应当对本行政区域内容易引发自然灾害、事故灾难和公共卫生事件的危险源、危险区域进行调查、登记、风险评估，定期进行检查、监控，并责令有关单位采取安全防范措施。

省级和设区的市级人民政府应当对本行政区域内容易引发特别重大、重大突发事件的危险源、危险区域进行调查、登记、风险评估，组织进行检查、监控，并责令有关单位采取安全防范措施。

县级以上地方各级人民政府按照本法规定登记的危险源、危险区域，应当按照国家规定及时向社会公布。

第二十一条　县级人民政府及其有关部门、乡级人民政府、街道办事处、居民委员会、村民委员会应当及时调解处理可能引发社会安全事件的矛盾纠纷。

第二十二条　所有单位应当建立健全安全管理制度，定期检查本单位各项安全防范措施的落实情况，及时消除事故隐患；掌握并及时处理本单位存在的可能引发社会安全事件的问题，防止矛盾激化和事态扩大；对本单位可能发生的突发事件和采取安全防范措施的情况，应当按照规定及时向所在地人民政府或者人民政府有关部门报告。

第二十三条　矿山、建筑施工单位和易燃易爆物品、危险化学品、放射性物品等危险物品的生产、经营、储运、使用单位，应当制定具体应急预案，并对生产经营场所、有危险物品的建筑物、构筑物及周边环境开展隐患排查，及时采取措施消除隐患，防止发生突发事件。

第二十四条　公共交通工具、公共场所和其他人员密集场所的经营单位或者管理单位应当制定具体应急预案，为交通工具和有关场所配备报警装置和必要的应急救援设备、设施，注明其使用方法，并显著标明安全撤离的通道、路线，保证安全通道、出口的畅通。

有关单位应当定期检测、维护其报警装置和应急救援设备、设施，使其处于良好状态，确保正常使用。

第二十五条　县级以上人民政府应当建立健全突发事件应急管理培训制度，对人民政府及其有关部门负有处置突发事件职责的工作人员定期进行培训。

第二十六条　县级以上人民政府应当整合应急资源，建立或者确定综合性应急救援队伍。人民政府有关部门可以根据实际需要设立专业应急救援队伍。

县级以上人民政府及其有关部门可以建立由成年志愿者组成的应急救援队伍。单位应当建立由本单位职工组成的专职或者兼职应急救援队伍。

县级以上人民政府应当加强专业应急救援队伍与非专业应急救援队伍的合作，联合培训、联合演练，提高合成应急、协同应急的能力。

第二十七条　国务院有关部门、县级以上地方各级人民政府及其有关部门、有关单位应当为专业应急救援人员购买人身意外伤害保险，配备必要的防护装备和器材，减少应急救援人员的人身风险。

第二十八条　中国人民解放军、中国人民武装警察部队和民兵组织应当有计划地组织开展应急救援的专门训练。

第二十九条　县级人民政府及其有关部门、乡级人民政府、街道办事处应当组织开展应急知识的宣传普及活动和必要的应急演练。

居民委员会、村民委员会、企业事业单位应当根据所在地人民政府的要求，结合各自的实际情况，开展有关突发事件应急知识的宣传普及活动和必要的应急演练。

新闻媒体应当无偿开展突发事件预防与应急、自救与互救知识的公益宣传。

第三十条 各级各类学校应当把应急知识教育纳入教学内容，对学生进行应急知识教育，培养学生的安全意识和自救与互救能力。

教育主管部门应当对学校开展应急知识教育进行指导和监督。

第三十一条 国务院和县级以上地方各级人民政府应当采取财政措施，保障突发事件应对工作所需经费。

第三十二条 国家建立健全应急物资储备保障制度，完善重要应急物资的监管、生产、储备、调拨和紧急配送体系。

设区的市级以上人民政府和突发事件易发、多发地区的县级人民政府应当建立应急救援物资、生活必需品和应急处置装备的储备制度。

县级以上地方各级人民政府应当根据本地区的实际情况，与有关企业签订协议，保障应急救援物资、生活必需品和应急处置装备的生产、供给。

第三十三条 国家建立健全应急通信保障体系，完善公用通信网，建立有线与无线相结合、基础电信网络与机动通信系统相配套的应急通信系统，确保突发事件应对工作的通信畅通。

第三十四条　国家鼓励公民、法人和其他组织为人民政府应对突发事件工作提供物资、资金、技术支持和捐赠。

第三十五条　国家发展保险事业，建立国家财政支持的巨灾风险保险体系，并鼓励单位和公民参加保险。

第三十六条　国家鼓励、扶持具备相应条件的教学科研机构培养应急管理专门人才，鼓励、扶持教学科研机构和有关企业研究开发用于突发事件预防、监测、预警、应急处置与救援的新技术、新设备和新工具。

第三章　监测与预警

第三十七条　国务院建立全国统一的突发事件信息系统。

县级以上地方各级人民政府应当建立或者确定本地区统一的突发事件信息系统，汇集、储存、分析、传输有关突发事件的信息，并与上级人民政府及其有关部门、下级人民政府及其有关部门、专业机构和监测网点的突发事件信息系统实现互联互通，加强跨部门、跨地区的信息交流与情报合作。

第三十八条　县级以上人民政府及其有关部门、专业机构应当通过多种途径收集突发事件信息。

县级人民政府应当在居民委员会、村民委员会和有关单位建立专职或者兼职信息报告员制度。

获悉突发事件信息的公民、法人或者其他组织，应当立即向所在地人民政府、有关主管部门或者指定的专业机构报告。

第三十九条 地方各级人民政府应当按照国家有关规定向上级人民政府报送突发事件信息。县级以上人民政府有关主管部门应当向本级人民政府相关部门通报突发事件信息。专业机构、监测网点和信息报告员应当及时向所在地人民政府及其有关主管部门报告突发事件信息。

有关单位和人员报送、报告突发事件信息，应当做到及时、客观、真实，不得迟报、谎报、瞒报、漏报。

第四十条 县级以上地方各级人民政府应当及时汇总分析突发事件隐患和预警信息，必要时组织相关部门、专业技术人员、专家学者进行会商，对发生突发事件的可能性及其可能造成的影响进行评估；认为可能发生重大或者特别重大突发事件的，应当立即向上级人民政府报告，并向上级人民政府有关部门、当地驻军和可能受到危害的毗邻或者相关地区的人民政府通报。

第四十一条 国家建立健全突发事件监测制度。

县级以上人民政府及其有关部门应当根据自然灾害、事故灾难和公共卫生事件的种类和特点，建立健全基础信息数据库，完善监测网络，划分监测区域，确定监测点，明确监测项目，提供必要的设备、设施，配备专职或者兼职人员，对可能发生的突发事件进行监测。

第四十二条 国家建立健全突发事件预警制度。

可以预警的自然灾害、事故灾难和公共卫生事件的预警级别，按照突发事件发生的紧急程度、发展势态和可能造成的危害程度分为一级、二级、三级和四级，分别用红色、橙色、黄色和蓝色标示，一级为最高级别。

预警级别的划分标准由国务院或者国务院确定的部门制定。

预警级别的划分标准由国务院或者国务院确定的部门制定。

第四十三条 可以预警的自然灾害、事故灾难或者公共卫生事件即将发生或者发生的可能性增大时，县级以上地方各级人民政府应当根据有关法律、行政法规和国务院规定的权限和程序，发布相应级别的警报，决定并宣布有关地区进入预警期，同时向上一级人民政府报告，必要时可以越级上报，并向当地驻军和可能受到危害的毗邻或者相关地区的人民政府通报。

第四十四条 发布三级、四级警报，宣布进入预警期后，县级以上地方各级人民政府应当根据即将发生的突发事件的特点和可能造成的危害，采取下列措施：

（一）启动应急预案；

（二）责令有关部门、专业机构、监测网点和负有特定职责的人员及时收集、报告有关信息，向社会公布反映突发事件信息的渠道，加强对突发事件发生、发展情况的监测、预报和预警工作；

（三）组织有关部门和机构、专业技术人员、有关专家学者，随时对突发事件信息进行分析评估，预测发生突发事件可能性的大小、影响范围和强度以及可能发生的突发事件的级别；

（四）定时向社会发布与公众有关的突发事件预测

信息和分析评估结果，并对相关信息的报道工作进行管理；

（五）及时按照有关规定向社会发布可能受到突发事件危害的警告，宣传避免、减轻危害的常识，公布咨询电话。

第四十五条 发布一级、二级警报，宣布进入预警期后，县级以上地方各级人民政府除采取本法第四十四条规定的措施外，还应当针对即将发生的突发事件的特点和可能造成的危害，采取下列一项或者多项措施：

（一）责令应急救援队伍、负有特定职责的人员进入待命状态，并动员后备人员做好参加应急救援和处置工作的准备；

（二）调集应急救援所需物资、设备、工具，准备应急设施和避难场所，并确保其处于良好状态、随时可以投入正常使用；

（三）加强对重点单位、重要部位和重要基础设施的安全保卫，维护社会治安秩序；

（四）采取必要措施，确保交通、通信、供水、排水、供电、供气、供热等公共设施的安全和正常运行；

（五）及时向社会发布有关采取特定措施避免或者减轻危害的建议、劝告；

（六）转移、疏散或者撤离易受突发事件危害的人员并予以妥善安置，转移重要财产；

（七）关闭或者限制使用易受突发事件危害的场所，控制或者限制容易导致危害扩大的公共场所的活动；

（八）法律、法规、规章规定的其他必要的防范性、保护性措施。

第四十六条 对即将发生或者已经发生的社会安全事件，县级以上地方各级人民政府及其有关主管部门应当按照规定向上一级人民政府及其有关主管部门报告，必要时可以越级上报。

第四十七条 发布突发事件警报的人民政府应当根据事态的发展，按照有关规定适时调整预警级别并重新发布。

有事实证明不可能发生突发事件或者危险已经解除的，发布警报的人民政府应当立即宣布解除警报，终止预警期，并解除已经采取的有关措施。

第四章 应急处置与救援

第四十八条 突发事件发生后，履行统一领导职责或者组织处置突发事件的人民政府应当针对其性质、特点和危害程度，立即组织有关部门，调动应急救援队伍和社会力量，依照本章的规定和有关法律、法规、规章的规定采取应急处置措施。

第四十九条 自然灾害、事故灾难或者公共卫生事件发生后，履行统一领导职责的人民政府可以采取下列一项或者多项应急处置措施：

（一）组织营救和救治受害人员，疏散、撤离并妥善安置受到威胁的人员以及采取其他救助措施；

（二）迅速控制危险源，标明危险区域，封锁危险场所，划定警戒区，实行交通管制以及其他控制措施；

（三）立即抢修被损坏的交通、通信、供水、排水、供电、供气、供热等公共设施，向受到危害的人员提供避难场所和生活必需品，实施医疗救护和卫生防疫以及其他保障措施；

（四）禁止或者限制使用有关设备、设施，关闭或者限制使用有关场所，中止人员密集的活动或者可能导致危害扩大的生产经营活动以及采取其他保护措施；

（五）启用本级人民政府设置的财政预备费和储备的应急救援物资，必要时调用其他急需物资、设备、设施、工具；

（六）组织公民参加应急救援和处置工作，要求具有特定专长的人员提供服务；

（七）保障食品、饮用水、燃料等基本生活必需品的供应；

（八）依法从严惩处囤积居奇、哄抬物价、制假售假等扰乱市场秩序的行为，稳定市场价格，维护市场秩序；

（九）依法从严惩处哄抢财物、干扰破坏应急处置工作等扰乱社会秩序的行为，维护社会治安；

（十）采取防止发生次生、衍生事件的必要措施。

第五十条 社会安全事件发生后，组织处置工作的人民政府应当立即组织有关部门并由公安机关针对事件的性质和特点，依照有关法律、行政法规和国家其他有关规定，采取下列一项或者多项应急处置措施：

（一）强制隔离使用器械相互对抗或者以暴力行为参与冲突的当事人，妥善解决现场纠纷和争端，控制事态发展；

（二）对特定区域内的建筑物、交通工具、设备、设施以及燃料、燃气、电力、水的供应进行控制；

（三）封锁有关场所、道路，查验现场人员的身份证件，限制有关公共场所内的活动；

（四）加强对易受冲击的核心机关和单位的警卫，在国家机关、军事机关、国家通讯社、广播电台、电视台、外国驻华使领馆等单位附近设置临时警戒线；

（五）法律、行政法规和国务院规定的其他必要措施。

严重危害社会治安秩序的事件发生时，公安机关应当立即依法出动警力，根据现场情况依法采取相应的强制性措施，尽快使社会秩序恢复正常。

第五十一条　发生突发事件，严重影响国民经济正常运行时，国务院或者国务院授权的有关主管部门可以采取保障、控制等必要的应急措施，保障人民群众的基本生活需要，最大限度地减轻突发事件的影响。

第五十二条　履行统一领导职责或者组织处置突发事件的人民政府，必要时可以向单位和个人征用应急救援所需设备、设施、场地、交通工具和其他物资，请求其他地方人民政府提供人力、物力、财力或者技术支援，要求生产、供应生活必需品和应急救援物资的企业组织生产、保证供给，要求提供医疗、交通等公共服务的组织提供相应的服务。

履行统一领导职责或者组织处置突发事件的人民政府，应当组织协调运输经营单位，优先运送处置突发事件所需物资、设备、工具、应急救援人员和受到突发事件危害的人员。

第五十三条 履行统一领导职责或者组织处置突发事件的人民政府，应当按照有关规定统一、准确、及时发布有关突发事件事态发展和应急处置工作的信息。

第五十四条 任何单位和个人不得编造、传播有关突发事件事态发展或者应急处置工作的虚假信息。

第五十五条 突发事件发生地的居民委员会、村民委员会和其他组织应当按照当地人民政府的决定、命令，进行宣传动员，组织群众开展自救和互救，协助维护社会秩序。

第五十六条 受到自然灾害危害或者发生事故灾难、公共卫生事件的单位，应当立即组织本单位应急救援队伍和工作人员营救受害人员，疏散、撤离、安置受到威胁的人员，控制危险源，标明危险区域，封锁危险场所，并采取其他防止危害扩大的必要措施，同时向所在地县级人民政府报告；对因本单位的问题引发的或者主体是本单位人员的社会安全事件，有关单位应当按照规定上报情况，并迅速派出负责人赶赴现场开展劝解、疏导工作。

突发事件发生地的其他单位应当服从人民政府发布的决定、命令，配合人民政府采取的应急处置措施，做好本单位的应急救援工作，并积极组织人员参加所在地的应急救援和处置工作。

第五十七条 突发事件发生地的公民应当服从人民政府、居民委员会、村民委员会或者所属单位的指挥和安排，配合人民政府采取的应急处置措施，积极参加应急救援工作，协助维护社会秩序。

第五章　事后恢复与重建

第五十八条　突发事件的威胁和危害得到控制或者消除后，履行统一领导职责或者组织处置突发事件的人民政府应当停止执行依照本法规定采取的应急处置措施，同时采取或者继续实施必要措施，防止发生自然灾害、事故灾难、公共卫生事件的次生、衍生事件或者重新引发社会安全事件。

第五十九条　突发事件应急处置工作结束后，履行统一领导职责的人民政府应当立即组织对突发事件造成的损失进行评估，组织受影响地区尽快恢复生产、生活、工作和社会秩序，制定恢复重建计划，并向上一级人民政府报告。

受突发事件影响地区的人民政府应当及时组织和协调公安、交通、铁路、民航、邮电、建设等有关部门恢复社会治安秩序，尽快修复被损坏的交通、通信、供水、排水、供电、供气、供热等公共设施。

第六十条　受突发事件影响地区的人民政府开展恢复重建工作需要上一级人民政府支持的，可以向上一级人民政府提出请求。上一级人民政府应当根据受影响地区遭受的损失和实际情况，提供资金、物资支持和技术指导，组织其他地区提供资金、物资和人力支援。

第六十一条　国务院根据受突发事件影响地区遭受

损失的情况，制定扶持该地区有关行业发展的优惠政策。

受突发事件影响地区的人民政府应当根据本地区遭受损失的情况，制定救助、补偿、抚慰、抚恤、安置等善后工作计划并组织实施，妥善解决因处置突发事件引发的矛盾和纠纷。

公民参加应急救援工作或者协助维护社会秩序期间，其在本单位的工资待遇和福利不变；表现突出、成绩显著的，由县级以上人民政府给予表彰或者奖励。

县级以上人民政府对在应急救援工作中伤亡的人员依法给予抚恤。

第六十二条　履行统一领导职责的人民政府应当及时查明突发事件的发生经过和原因，总结突发事件应急处置工作的经验教训，制定改进措施，并向上一级人民政府提出报告。

第六章　法　律　责　任

第六十三条　地方各级人民政府和县级以上各级人民政府有关部门违反本法规定，不履行法定职责的，由其上级行政机关或者监察机关责令改正；有下列情形之一的，根据情节对直接负责的主管人员和其他直接责任人员依法给予处分：

（一）未按规定采取预防措施，导致发生突发事件，或者未采取必要的防范措施，导致发生次生、衍生事件的；

（二）迟报、谎报、瞒报、漏报有关突发事件的信息，或者通报、报送、公布虚假信息，造成后果的；

（三）未按规定及时发布突发事件警报、采取预警期的措施，导致损害发生的；

（四）未按规定及时采取措施处置突发事件或者处置不当，造成后果的；

（五）不服从上级人民政府对突发事件应急处置工作的统一领导、指挥和协调的；

（六）未及时组织开展生产自救、恢复重建等善后工作的；

（七）截留、挪用、私分或者变相私分应急救援资金、物资的；

（八）不及时归还征用的单位和个人的财产，或者对被征用财产的单位和个人不按规定给予补偿的。

第六十四条　有关单位有下列情形之一的，由所在地履行统一领导职责的人民政府责令停产停业，暂扣或者吊销许可证或者营业执照，并处五万元以上二十万元以下的罚款；构成违反治安管理行为的，由公安机关依法给予处罚：

（一）未按规定采取预防措施，导致发生严重突发事件的；

（二）未及时消除已发现的可能引发突发事件的隐患，导致发生严重突发事件的；

（三）未做好应急设备、设施日常维护、检测工作，导致发生严重突发事件或者突发事件危害扩大的；

（四）突发事件发生后，不及时组织开展应急救援工作，造成严重后果的。

前款规定的行为，其他法律、行政法规规定由人民政府有关部门依法决定处罚的，从其规定。

第六十五条　违反本法规定，编造并传播有关突发事件事态发展或者应急处置工作的虚假信息，或者明知是有关突发事件事态发展或者应急处置工作的虚假信息而进行传播的，责令改正，给予警告；造成严重后果的，依法暂停其业务活动或者吊销其执业许可证；负有直接责任的人员是国家工作人员的，还应当对其依法给予处分；构成违反治安管理行为的，由公安机关依法给予处罚。

第六十六条　单位或者个人违反本法规定，不服从所在地人民政府及其有关部门发布的决定、命令或者不配合其依法采取的措施，构成违反治安管理行为的，由公安机关依法给予处罚。

第六十七条　单位或者个人违反本法规定，导致突发事件发生或者危害扩大，给他人人身、财产造成损害的，应当依法承担民事责任。

第六十八条　违反本法规定，构成犯罪的，依法追究刑事责任。

第七章　附　　则

第六十九条　发生特别重大突发事件，对人民生命财产安全、国家安全、公共安全、环境安全或者社会秩序构成重大威胁，采取本法和其他有关法律、法规、规章规定的应急处置措施不能消除或者有效控制、减轻其严重社会危害，需要进入紧急状态的，由全国人民代表大会常务委员会或者国务院依照宪法和其他有关法律规定的权限和程序决定。

紧急状态期间采取的非常措施，依照有关法律规定执行或者由全国人民代表大会常务委员会另行规定。

第七十条　本法自 2007 年 11 月 1 日起施行。

附录3 生产安全事故报告和调查处理条例

（国务院令第 493 号）

目录

第一章 总 则

第一条 为了规范生产安全事故的报告和调查处理，落实生产安全事故责任追究制度，防止和减少生产安全事故，根据《中华人民共和国安全生产法》和有关法律，制定本条例。

第二条 生产经营活动中发生的造成人身伤亡或者直接经济损失的生产安全事故的报告和调查处理，适用本条例；环境污染事故、核设施事故、国防科研生产事故的报告和调查处理不适用本条例。

第三条 根据生产安全事故（以下简称事故）造成的人员伤亡或者直接经济损失，事故一般分为以下等级：

（一）特别重大事故，是指造成30人以上死亡，或者100人以上重伤（包括急性工业中毒，下同），或者1亿元以上直接经济损失的事故；

（二）重大事故，是指造成10人以上30人以下死亡，或者50人以上100人以下重伤，或者5000万元以上1亿元以下直接经济损失的事故；

（三）较大事故，是指造成3人以上10人以下死亡，或者10人以上50人以下重伤，或者1000万元以上5000万元以下直接经济损失的事故；

（四）一般事故，是指造成3人以下死亡，或者10人以下重伤，或者1000万元以下直接经济损失的事故。

国务院安全生产监督管理部门可以会同国务院有关部门，制定事故等级划分的补充性规定。

本条第一款所称的"以上"包括本数，所称的"以下"不包括本数。

第四条 事故报告应当及时、准确、完整，任何单位和个人对事故不得迟报、漏报、谎报或者瞒报。事故调查处理应当坚持实事求是、尊重科学的原则，及时、准确地查清事故经过、事故原因和事故损失，查明事故性质，认定事故责任，总结事故教训，提出整改措施，并对事故责任者依法追究责任。

第五条 县级以上人民政府应当依照本条例的规定，严格履行职责，及时、准确地完成事故调查处理工作。事故发生地有关地方人民政府应当支持、配合上级人民政府或者有关部门的事故调查处理工作，并提供必要的便利条件。参加事故调查处理的部门和单位应当互相配合，提高事故调查处理工作的效率。

第六条 工会依法参加事故调查处理，有权向有关部门提出处理意见。

第七条 任何单位和个人不得阻挠和干涉对事故的报告和依法调查处理。

第八条 对事故报告和调查处理中的违法行为，任何单位和个人有权向安全生产监督管理部门、监察机关或者其他有关部门举报，接到举报的部门应当依法及时处理。

第二章 事 故 报 告

第九条 事故发生后，事故现场有关人员应当立即向本单位负责人报告；单位负责人接到报告后，应当于1小时内向事故发生地县级以上人民政府安全生产监督管理部门和负有安全生产监督管理职责的有关部门报告。

情况紧急时，事故现场有关人员可以直接向事故发生地县级以上人民政府安全生产监督管理部门和负有安全生产监督管理职责的有关部门报告。

第十条 安全生产监督管理部门和负有安全生产监督管理职责的有关部门接到事故报告后，应当依照下列规定上报事故情况，并通知公安机关、劳动保障行政部门、工会和人民检察院：

（一）特别重大事故、重大事故逐级上报至国务院安全生产监督管理部门和负有安全生产监督管理职责的有关部门；

（二）较大事故逐级上报至省、自治区、直辖市人民政府安全生产监督管理部门和负有安全生产监督管理职责的有关部门；

（三）一般事故上报至设区的市级人民政府安全生产监督管理部门和负有安全生产监督管理职责的有关部门。

安全生产监督管理部门和负有安全生产监督管理职责的有关部门依照前款规定上报事故情况，应当同时报告本级人民政府。国务院安全生产监督管理部门和负有安全生产监督管理职责的有关部门以及省级人民政府接到发生特别重大事故、重大事故的报告后，应当立即报告国务院。必要时，安全生产监督管理部门和负有安全生产监督管理职责的有关部门可以越级上报事故情况。

第十一条　安全生产监督管理部门和负有安全生产监督管理职责的有关部门逐级上报事故情况，每级上报的时间不得超过2小时。

第十二条　报告事故应当包括下列内容：

（一）事故发生单位概况；

（二）事故发生的时间、地点以及事故现场情况；

（三）事故的简要经过；

（四）事故已经造成或者可能造成的伤亡人数（包括下落不明的人数）和初步估计的直接经济损失；

（五）已经采取的措施；

（六）其他应当报告的情况。

第十三条 事故报告后出现新情况的，应当及时补报。自事故发生之日起 30 日内，事故造成的伤亡人数发生变化的，应当及时补报。道路交通事故、火灾事故自发生之日起 7 日内，事故造成的伤亡人数发生变化的，应当及时补报。

第十四条 事故发生单位负责人接到事故报告后，应当立即启动事故相应应急预案，或者采取有效措施，组织抢救，防止事故扩大，减少人员伤亡和财产损失。

第十五条 事故发生地有关地方人民政府、安全生产监督管理部门和负有安全生产监督管理职责的有关部门接到事故报告后，其负责人应当立即赶赴事故现场，组织事故救援。

第十六条 事故发生后，有关单位和人员应当妥善保护事故现场以及相关证据，任何单位和个人不得破坏事故现场、毁灭相关证据。因抢救人员、防止事故扩大以及疏通交通等原因，需要移动事故现场物件的，应当做出标志，绘制现场简图并做出书面记录，妥善保存现场重要痕迹、物证。

第十七条 事故发生地公安机关根据事故的情况，对涉嫌犯罪的，应当依法立案侦查，采取强制措施和侦查措施。犯罪嫌疑人逃匿的，公安机关应当迅速追捕归案。

第十八条 安全生产监督管理部门和负有安全生产监督管理职责的有关部门应当建立值班制度，并向社会公布值班电话，受理事故报告和举报。

第三章　事故调查

第十九条　特别重大事故由国务院或者国务院授权有关部门组织事故调查组进行调查。

重大事故、较大事故、一般事故分别由事故发生地省级人民政府、设区的市级人民政府、县级人民政府负责调查。省级人民政府、设区的市级人民政府、县级人民政府可以直接组织事故调查组进行调查，也可以授权或者委托有关部门组织事故调查组进行调查。未造成人员伤亡的一般事故，县级人民政府也可以委托事故发生单位组织事故调查组进行调查。

第二十条　上级人民政府认为必要时，可以调查由下级人民政府负责调查的事故。

自事故发生之日起 30 日内（道路交通事故、火灾事故自发生之日起 7 日内），因事故伤亡人数变化导致事故等级发生变化，依照本条例规定应当由上级人民政府负责调查的，上级人民政府可以另行组织事故调查组进行调查。

第二十一条　特别重大事故以下等级事故，事故发生地与事故发生单位不在同一个县级以上行政区域的，由事故发生地人民政府负责调查，事故发生单位所在地人民政府应当派人参加。

第二十二条　事故调查组的组成应当遵循精简、效能的原则。

根据事故的具体情况，事故调查组由有关人民政府、安全生产监督管理部门、负有安全生产监督管理职责的有关部门、监察机关、公安机关以及工会派人组成，并应当邀请人民检察院派人参加。

事故调查组可以聘请有关专家参与调查。

第二十三条　事故调查组成员应当具有事故调查所需要的知识和专长，并与所调查的事故没有直接利害关系。

第二十四条　事故调查组组长由负责事故调查的人民政府指定。事故调查组组长主持事故调查组的工作。

第二十五条　事故调查组履行下列职责：

（一）查明事故发生的经过、原因、人员伤亡情况及直接经济损失；

（二）认定事故的性质和事故责任；

（三）提出对事故责任者的处理建议；

（四）总结事故教训，提出防范和整改措施；

（五）提交事故调查报告。

第二十六条　事故调查组有权向有关单位和个人了解与事故有关的情况，并要求其提供相关文件、资料，有关单位和个人不得拒绝。事故发生单位的负责人和有关人员在事故调查期间不得擅离职守，并应当随时接受事故调查组的询问，如实提供有关情况。

事故调查中发现涉嫌犯罪的，事故调查组应当及时将有关材料或者其复印件移交司法机关处理。

第二十七条　事故调查中需要进行技术鉴定的，事故调查组应当委托具有国家规定资质的单位进行技术鉴定。必要时，事故调查组可以直接组织专家进行技术鉴定。技术鉴定所需时间不计入事故调查期限。

第二十八条　事故调查组成员在事故调查工作中应当诚信公正、恪尽职守，遵守事故调查组的纪律，保守事故调查的秘密。

未经事故调查组组长允许，事故调查组成员不得擅自发布有关事故的信息。

第二十九条　事故调查组应当自事故发生之日起60日内提交事故调查报告；特殊情况下，经负责事故调查的人民政府批准，提交事故调查报告的期限可以适当延长，但延长的期限最长不超过60日。

第三十条　事故调查报告应当包括下列内容：

（一）事故发生单位概况；

（二）事故发生经过和事故救援情况；

（三）事故造成的人员伤亡和直接经济损失；

（四）事故发生的原因和事故性质；

（五）事故责任的认定以及对事故责任者的处理建议；

（六）事故防范和整改措施。

事故调查报告应当附具有关证据材料。事故调查组成员应当在事故调查报告上签名。

第三十一条　事故调查报告报送负责事故调查的人民政府后，事故调查工作即告结束。事故调查的有关资料应当归档保存。

第四章　事　故　处　理

第三十二条　重大事故、较大事故、一般事故，负责事故调查的人民政府应当自收到事故调查报告之日起15日内做出批复；特别重大事故，30日内做出批复，特殊情况下，批复时间可以适当延长，但延长的时间最长不超过30日。

有关机关应当按照人民政府的批复，依照法律、行政法规规定的权限和程序，对事故发生单位和有关人员进行行政处罚，对负有事故责任的国家工作人员进行处分。

事故发生单位应当按照负责事故调查的人民政府的批复，对本单位负有事故责任的人员进行处理。

负有事故责任的人员涉嫌犯罪的，依法追究刑事责任。

第三十三条　事故发生单位应当认真吸取事故教训，落实防范和整改措施，防止事故再次发生。防范和整改措施的落实情况应当接受工会和职工的监督。

安全生产监督管理部门和负有安全生产监督管理职责的有关部门应当对事故发生单位落实防范和整改措施的情况进行监督检查。

第三十四条　事故处理的情况由负责事故调查的人民政府或者其授权的有关部门、机构向社会公布，依法应当保密的除外。

第五章　法　律　责　任

第三十五条　事故发生单位主要负责人有下列行为之一的，处上一年年收入40％至80％的罚款；属于国家工作人员的，并依法给予处分；构成犯罪的，依法追究刑事责任：

（一）不立即组织事故抢救的；

（二）迟报或者漏报事故的；

（三）在事故调查处理期间擅离职守的。

第三十六条 事故发生单位及其有关人员有下列行为之一的，对事故发生单位处 100 万元以上 500 万元以下的罚款；对主要负责人、直接负责的主管人员和其他直接责任人员处上一年年收入 60%至 100%的罚款；属于国家工作人员的，并依法给予处分；构成违反治安管理行为的，由公安机关依法给予治安管理处罚；构成犯罪的，依法追究刑事责任：

（一）谎报或者瞒报事故的；

（二）伪造或者故意破坏事故现场的；

（三）转移、隐匿资金、财产，或者销毁有关证据、资料的；

（四）拒绝接受调查或者拒绝提供有关情况和资料的；

（五）在事故调查中作伪证或者指使他人作伪证的；

（六）事故发生后逃匿的。

第三十七条 事故发生单位对事故发生负有责任的，依照下列规定处以罚款：

（一）发生一般事故的，处 10 万元以上 20 万元以下的罚款；

（二）发生较大事故的，处 20 万元以上 50 万元以下的罚款；

（三）发生重大事故的，处 50 万元以上 200 万元以下的罚款；

（四）发生特别重大事故的，处 200 万元以上 500 万元以下的罚款。

第三十八条 事故发生单位主要负责人未依法履行安全生产管理职责，导致事故发生的，依照下列规定处以罚款；属于国家工作人员的，并依法给予处分；构成犯罪的，依法追究刑事责任：

（一）发生一般事故的，处上一年年收入 30％的罚款；

（二）发生较大事故的，处上一年年收入 40％的罚款；

（三）发生重大事故的，处上一年年收入 60％的罚款；

（四）发生特别重大事故的，处上一年年收入 80％的罚款。

第三十九条 有关地方人民政府、安全生产监督管理部门和负有安全生产监督管理职责的有关部门有下列行为之一的，对直接负责的主管人员和其他直接责任人员依法给予处分；构成犯罪的，依法追究刑事责任：

（一）不立即组织事故抢救的；

（二）迟报、漏报、谎报或者瞒报事故的；

（三）阻碍、干涉事故调查工作的；

（四）在事故调查中作伪证或者指使他人作伪证的。

第四十条 事故发生单位对事故发生负有责任的，由有关部门依法暂扣或者吊销其有关证照；对事故发生单位负有事故责任的有关人员，依法暂停或者撤销其与安全生产有关的执业资格、岗位证书；事故发生单位主要负责人受到刑事处罚或者撤职处分的，自刑罚执行完毕或者受处分之日起，5年内不得担任任何生产经营单位的主要负责人。

为发生事故的单位提供虚假证明的中介机构，由有关部门依法暂扣或者吊销其有关证照及其相关人员的执业资格；构成犯罪的，依法追究刑事责任。

第四十一条　参与事故调查的人员在事故调查中有下列行为之一的，依法给予处分；构成犯罪的，依法追究刑事责任：

（一）对事故调查工作不负责任，致使事故调查工作有重大疏漏的；

（二）包庇、袒护负有事故责任的人员或者借机打击报复的。

第四十二条　违反本条例规定，有关地方人民政府或者有关部门故意拖延或者拒绝落实经批复的对事故责任人的处理意见的，由监察机关对有关责任人员依法给予处分。

第四十三条　本条例规定的罚款的行政处罚，由安全生产监督管理部门决定。

法律、行政法规对行政处罚的种类、幅度和决定机关另有规定的，依照其规定。

第六章　附　　则

第四十四条　没有造成人员伤亡，但是社会影响恶劣的事故，国务院或者有关地方人民政府认为需要调查处理的，依照本条例的有关规定执行。

国家机关、事业单位、人民团体发生的事故的报告和调查处理，参照本条例的规定执行。

第四十五条　特别重大事故以下等级事故的报告和调查处理，有关法律、行政法规或者国务院另有规定的，依照其规定。

第四十六条　本条例自 2007 年 6 月 1 日起施行。国务院 1989 年 3 月 29 日公布的《特别重大事故调查程序暂行规定》和 1991 年 2 月 22 日公布的《企业职工伤亡事故报告和处理规定》同时废止。

附录4 电力安全事故应急处置和调查处理条例

（国务院令第 599 号）

目录

第一章　总　　则

第一条　为了加强电力安全事故的应急处置工作，规范电力安全事故的调查处理，控制、减轻和消除电力安全事故损害，制定本条例。

第二条　本条例所称电力安全事故，是指电力生产或者电网运行过程中发生的影响电力系统安全稳定运行或者影响电力正常供应的事故（包括热电厂发生的影响热力正常供应的事故）。

第三条　根据电力安全事故（以下简称事故）影响

电力系统安全稳定运行或者影响电力（热力）正常供应的程度，事故分为特别重大事故、重大事故、较大事故和一般事故。事故等级划分标准由本条例附表列示。事故等级划分标准的部分项目需要调整的，由国务院电力监管机构提出方案，报国务院批准。

由独立的或者通过单一输电线路与外省连接的省级电网供电的省级人民政府所在地城市，以及由单一输电线路或者单一变电站供电的其他设区的市、县级市，其电网减供负荷或者造成供电用户停电的事故等级划分标准，由国务院电力监管机构另行制定，报国务院批准。

第四条 国务院电力监管机构应当加强电力安全监督管理，依法建立健全事故应急处置和调查处理的各项制度，组织或者参与事故的调查处理。

国务院电力监管机构、国务院能源主管部门和国务院其他有关部门、地方人民政府及有关部门按照国家规定的权限和程序，组织、协调、参与事故的应急处置工作。

第五条 电力企业、电力用户以及其他有关单位和个人，应当遵守电力安全管理规定，落实事故预防措施，防止和避免事故发生。

县级以上地方人民政府有关部门确定的重要电力用户，应当按照国务院电力监管机构的规定配置自备应急电源，并加强安全使用管理。

第六条 事故发生后，电力企业和其他有关单位应当按照规定及时、准确报告事故情况，开展应急处置工作，防止事故扩大，减轻事故损害。电力企业应当尽快恢复电力生产、电网运行和电力（热力）正常供应。

第七条 任何单位和个人不得阻挠和干涉对事故的报告、应急处置和依法调查处理。

第二章 事 故 报 告

第八条 事故发生后，事故现场有关人员应当立即向发电厂、变电站运行值班人员、电力调度机构值班人员或者本企业现场负责人报告。有关人员接到报告后，应当立即向上一级电力调度机构和本企业负责人报告。本企业负责人接到报告后，应当立即向国务院电力监管机构设在当地的派出机构（以下称事故发生地电力监管机构）、县级以上人民政府安全生产监督管理部门报告；热电厂事故影响热力正常供应的，还应当向供热管理部门报告；事故涉及水电厂（站）大坝安全的，还应当同时向有管辖权的水行政主管部门或者流域管理机构报告。

电力企业及其有关人员不得迟报、漏报或者瞒报、谎报事故情况。

第九条 事故发生地电力监管机构接到事故报告后，应当立即核实有关情况，向国务院电力监管机构报告；事故造成供电用户停电的，应当同时通报事故发生地县级以上地方人民政府。

对特别重大事故、重大事故，国务院电力监管机构接到事故报告后应当立即报告国务院，并通报国务院安全生产监督管理部门、国务院能源主管部门等有关部门。

第十条 事故报告应当包括下列内容：

（一）事故发生的时间、地点（区域）以及事故发生单位；

（二）已知的电力设备、设施损坏情况，停运的发电（供热）机组数量、电网减供负荷或者发电厂减少出力的数值、停电（停热）范围；

（三）事故原因的初步判断；

（四）事故发生后采取的措施、电网运行方式、发电机组运行状况以及事故控制情况；

（五）其他应当报告的情况。

事故报告后出现新情况的，应当及时补报。

第十一条 事故发生后，有关单位和人员应当妥善保护事故现场以及工作日志、工作票、操作票等相关材料，及时保存故障录波图、电力调度数据、发电机组运行数据和输变电设备运行数据等相关资料，并在事故调查组成立后将相关材料、资料移交事故调查组。

因抢救人员或者采取恢复电力生产、电网运行和电力供应等紧急措施，需要改变事故现场、移动电力设备的，应当作出标记、绘制现场简图，妥善保存重要痕迹、物证，并作出书面记录。

任何单位和个人不得故意破坏事故现场，不得伪造、隐匿或者毁灭相关证据。

第三章 事故应急处置

第十二条 国务院电力监管机构依照《中华人民共

和国突发事件应对法》和《国家突发公共事件总体应急预案》，组织编制国家处置电网大面积停电事件应急预案，报国务院批准。

有关地方人民政府应当依照法律、行政法规和国家处置电网大面积停电事件应急预案，组织制定本行政区域处置电网大面积停电事件应急预案。

处置电网大面积停电事件应急预案应当对应急组织指挥体系及职责，应急处置的各项措施，以及人员、资金、物资、技术等应急保障作出具体规定。

第十三条 电力企业应当按照国家有关规定，制定本企业事故应急预案。

电力监管机构应当指导电力企业加强电力应急救援队伍建设，完善应急物资储备制度。

第十四条 事故发生后，有关电力企业应当立即采取相应的紧急处置措施，控制事故范围，防止发生电网系统性崩溃和瓦解；事故危及人身和设备安全的，发电厂、变电站运行值班人员可以按照有关规定，立即采取停运发电机组和输变电设备等紧急处置措施。

事故造成电力设备、设施损坏的，有关电力企业应当立即组织抢修。

第十五条 根据事故的具体情况，电力调度机构可以发布开启或者关停发电机组、调整发电机组有功和无功负荷、调整电网运行方式、调整供电调度计划等电力调度命令，发电企业、电力用户应当执行。

事故可能导致破坏电力系统稳定和电网大面积停电的，电力调度机构有权决定采取拉限负荷、解列电网、解列发电机组等必要措施。

第十六条 事故造成电网大面积停电的，国务院电力监管机构和国务院其他有关部门、有关地方人民政府、电力企业应当按照国家有关规定，启动相应的应急预案，成立应急指挥机构，尽快恢复电网运行和电力供应，防止各种次生灾害的发生。

第十七条 事故造成电网大面积停电的，有关地方人民政府及有关部门应当立即组织开展下列应急处置工作：

（一）加强对停电地区关系国计民生、国家安全和公共安全的重点单位的安全保卫，防范破坏社会秩序的行为，维护社会稳定；

（二）及时排除因停电发生的各种险情；

（三）事故造成重大人员伤亡或者需要紧急转移、安置受困人员的，及时组织实施救治、转移、安置工作；

（四）加强停电地区道路交通指挥和疏导，做好铁路、民航运输以及通信保障工作；

（五）组织应急物资的紧急生产和调用，保证电网恢复运行所需物资和居民基本生活资料的供给。

第十八条 事故造成重要电力用户供电中断的，重要电力用户应当按照有关技术要求迅速启动自备应急电源；启动自备应急电源无效的，电网企业应当提供必要的支援。

事故造成地铁、机场、高层建筑、商场、影剧院、体育场馆等人员聚集场所停电的，应当迅速启用应急照明，组织人员有序疏散。

第十九条 恢复电网运行和电力供应，应当优先保证重要电厂厂用电源、重要输变电设备、电力主干网架的恢复，优先恢复重要电力用户、重要城市、重点地区的电力供应。

第二十条 事故应急指挥机构或者电力监管机构应当按照有关规定，统一、准确、及时发布有关事故影响范围、处置工作进度、预计恢复供电时间等信息。

第四章　事故调查处理

第二十一条 特别重大事故由国务院或者国务院授权的部门组织事故调查组进行调查。

重大事故由国务院电力监管机构组织事故调查组进行调查。

较大事故、一般事故由事故发生地电力监管机构组织事故调查组进行调查。国务院电力监管机构认为必要的，可以组织事故调查组对较大事故进行调查。

未造成供电用户停电的一般事故，事故发生地电力监管机构也可以委托事故发生单位调查处理。

第二十二条 根据事故的具体情况，事故调查组由电力监管机构、有关地方人民政府、安全生产监督管理部门、负有安全生产监督管理职责的有关部门派人组成；有关人员涉嫌失职、渎职或者涉嫌犯罪的，应当邀请监察机关、公安机关、人民检察院派人参加。

根据事故调查工作的需要，事故调查组可以聘请有关专家协助调查。

事故调查组组长由组织事故调查组的机关指定。

第二十三条 事故调查组应当按照国家有关规定开展事故调查，并在下列期限内向组织事故调查组的机关提交事故调查报告：

（一）特别重大事故和重大事故的调查期限为 60 日；特殊情况下，经组织事故调查组的机关批准，可以适当延长，但延长的期限不得超过 60 日；

（二）较大事故和一般事故的调查期限为 45 日；特殊情况下，经组织事故调查组的机关批准，可以适当延长，但延长的期限不得超过 45 日。

事故调查期限自事故发生之日起计算。

第二十四条 事故调查报告应当包括下列内容：

（一）事故发生单位概况和事故发生经过；

（二）事故造成的直接经济损失和事故对电网运行、电力（热力）正常供应的影响情况；

（三）事故发生的原因和事故性质；

（四）事故应急处置和恢复电力生产、电网运行的情况；

（五）事故责任认定和对事故责任单位、责任人的处理建议；

（六）事故防范和整改措施。

事故调查报告应当附具有关证据材料和技术分析报告。事故调查组成员应当在事故调查报告上签字。

第二十五条 事故调查报告报经组织事故调查组的机关同意，事故调查工作即告结束；委托事故发生单位调查的一般事故，事故调查报告应当报经事故发生地电力监管机构同意。

有关机关应当依法对事故发生单位和有关人员进行处罚，对负有事故责任的国家工作人员给予处分。

事故发生单位应当对本单位负有事故责任的人员进行处理。

第二十六条 事故发生单位和有关人员应当认真吸取事故教训，落实事故防范和整改措施，防止事故再次发生。

电力监管机构、安全生产监督管理部门和负有安全生产监督管理职责的有关部门应当对事故发生单位和有关人员落实事故防范和整改措施的情况进行监督检查。

第五章 法 律 责 任

第二十七条 发生事故的电力企业主要负责人有下列行为之一的，由电力监管机构处其上一年年收入40％至80％的罚款；属于国家工作人员的，并依法给予处分；构成犯罪的，依法追究刑事责任：

（一）不立即组织事故抢救的；

（二）迟报或者漏报事故的；

（三）在事故调查处理期间擅离职守的。

第二十八条 发生事故的电力企业及其有关人员有下列行为之一的，由电力监管机构对电力企业处100万元以上500万元以下的罚款；对主要负责人、直接负责的主管人员和其他直接责任人员处其上一年年收入

60%至 100%的罚款，属于国家工作人员的，并依法给予处分；构成违反治安管理行为的，由公安机关依法给予治安管理处罚；构成犯罪的，依法追究刑事责任：

（一）谎报或者瞒报事故的；

（二）伪造或者故意破坏事故现场的；

（三）转移、隐匿资金、财产，或者销毁有关证据、资料的；

（四）拒绝接受调查或者拒绝提供有关情况和资料的；

（五）在事故调查中作伪证或者指使他人作伪证的；

（六）事故发生后逃匿的。

第二十九条 电力企业对事故发生负有责任的，由电力监管机构依照下列规定处以罚款：

（一）发生一般事故的，处 10 万元以上 20 万元以下的罚款；

（二）发生较大事故的，处 20 万元以上 50 万元以下的罚款；

（三）发生重大事故的，处 50 万元以上 200 万元以下的罚款；

（四）发生特别重大事故的，处 200 万元以上 500 万元以下的罚款。

第三十条 电力企业主要负责人未依法履行安全生产管理职责，导致事故发生的，由电力监管机构依照下列规定处以罚款；属于国家工作人员的，并依法给予处分；构成犯罪的，依法追究刑事责任：

（一）发生一般事故的，处其上一年年收入 30%的罚款；

（二）发生较大事故的，处其上一年年收入 40％的罚款；

（三）发生重大事故的，处其上一年年收入 60％的罚款；

（四）发生特别重大事故的，处其上一年年收入 80％的罚款。

第三十一条 电力企业主要负责人依照本条例第二十七条、第二十八条、第三十条规定受到撤职处分或者刑事处罚的，自受处分之日或者刑罚执行完毕之日起 5 年内，不得担任任何生产经营单位主要负责人。

第三十二条 电力监管机构、有关地方人民政府以及其他负有安全生产监督管理职责的有关部门有下列行为之一的，对直接负责的主管人员和其他直接责任人员依法给予处分；直接负责的主管人员和其他直接责任人员构成犯罪的，依法追究刑事责任：

（一）不立即组织事故抢救的；

（二）迟报、漏报或者瞒报、谎报事故的；

（三）阻碍、干涉事故调查工作的；

（四）在事故调查中作伪证或者指使他人作伪证的。

第三十三条 参与事故调查的人员在事故调查中有下列行为之一的，依法给予处分；构成犯罪的，依法追究刑事责任：

（一）对事故调查工作不负责任，致使事故调查工作有重大疏漏的；

（二）包庇、袒护负有事故责任的人员或者借机打击报复的。

第六章　附　　则

第三十四条　发生本条例规定的事故，同时造成人员伤亡或者直接经济损失，依照本条例确定的事故等级与依照《生产安全事故报告和调查处理条例》确定的事故等级不相同的，按事故等级较高者确定事故等级，依照本条例的规定调查处理；事故造成人员伤亡，构成《生产安全事故报告和调查处理条例》规定的重大事故或者特别重大事故的，依照《生产安全事故报告和调查处理条例》的规定调查处理。

电力生产或者电网运行过程中发生发电设备或者输变电设备损坏，造成直接经济损失的事故，未影响电力系统安全稳定运行以及电力正常供应的，由电力监管机构依照《生产安全事故报告和调查处理条例》的规定组成事故调查组对重大事故、较大事故、一般事故进行调查处理。

第三十五条　本条例对事故报告和调查处理未作规定的，适用《生产安全事故报告和调查处理条例》的规定。

第三十六条　核电厂核事故的应急处置和调查处理，依照《核电厂核事故应急管理条例》的规定执行。

第三十七条　本条例自 2011 年 9 月 1 日起施行。

附录5　国务院办公厅关于印发《突发事件应急预案管理办法》的通知

（国办发〔2013〕101号）

各省、自治区、直辖市人民政府，国务院各部委、各直属机构：

《突发事件应急预案管理办法》已经国务院同意，现印发给你们，请认真贯彻执行。

国务院办公厅

2013年10月25日

突发事件应急预案管理办法

目录

第八章　组织保障

第九章　附则

第一章　总　则

第一条　为规范突发事件应急预案（以下简称应急预案）管理，增强应急预案的针对性、实用性和可操作性，依据《中华人民共和国突发事件应对法》等法律、行政法规，制订本办法。

第二条　本办法所称应急预案，是指各级人民政府及其部门、基层组织、企事业单位、社会团体等为依法、迅速、科学、有序应对突发事件，最大程度减少突发事件及其造成的损害而预先制定的工作方案。

第三条　应急预案的规划、编制、审批、发布、备案、演练、修订、培训、宣传教育等工作，适用本办法。

第四条　应急预案管理遵循统一规划、分类指导、分级负责、动态管理的原则。

第五条　应急预案编制要依据有关法律、行政法规和制度，紧密结合实际，合理确定内容，切实提高针对性、实用性和可操作性。

第二章　分类和内容

第六条　应急预案按照制定主体划分，分为政府及其部门应急预案、单位和基层组织应急预案两大类。

第七条 政府及其部门应急预案由各级人民政府及其部门制定，包括总体应急预案、专项应急预案、部门应急预案等。

总体应急预案是应急预案体系的总纲，是政府组织应对突发事件的总体制度安排，由县级以上各级人民政府制定。

专项应急预案是政府为应对某一类型或某几种类型突发事件，或者针对重要目标物保护、重大活动保障、应急资源保障等重要专项工作而预先制定的涉及多个部门职责的工作方案，由有关部门牵头制订，报本级人民政府批准后印发实施。

部门应急预案是政府有关部门根据总体应急预案、专项应急预案和部门职责，为应对本部门（行业、领域）突发事件，或者针对重要目标物保护、重大活动保障、应急资源保障等涉及部门工作而预先制定的工作方案，由各级政府有关部门制定。

鼓励相邻、相近的地方人民政府及其有关部门联合制定应对区域性、流域性突发事件的联合应急预案。

第八条 总体应急预案主要规定突发事件应对的基本原则、组织体系、运行机制，以及应急保障的总体安排等，明确相关各方的职责和任务。

针对突发事件应对的专项和部门应急预案，不同层级的预案内容各有所侧重。国家层面专项和部门应急预案侧重明确突发事件的应对原则、组织指挥机制、预警分级和事件分级标准、信息报告要求、分级响应及响应行动、应急保障措施等，重点规范国家层面应对行动，同时体现政策性和指导性；省级专项和部门应急预案侧重明确突发事件的组织指挥机制、信息报告要求、分级响应及响应行动、队伍物资保障及调动程序、市县级政府职责等，重点规范省级层面应对行动，同时体现指导性；市县级专项和部门应急预案侧重明确突发事件的组织指挥机制、风险评估、监测预警、信息报告、应急处置措施、队伍物资保障及调动程序等内容，重点规范市（地）级和县级层面应对行动，体现应急处置的主体职能；乡镇街道专项和部门应急预案侧重明确突发事件的预警信息传播、组织先期处置和自救互救、信息收集报告、人员临时安置等内容，重点规范乡镇层面应对行动，体现先期处置特点。

针对重要基础设施、生命线工程等重要目标物保护的专项和部门应急预案，侧重明确风险隐患及防范措施、监测预警、信息报告、应急处置和紧急恢复等内容。

针对重大活动保障制定的专项和部门应急预案，侧重明确活动安全风险隐患及防范措施、监测预警、信息报告、应急处置、人员疏散撤离组织和路线等内容。

针对为突发事件应对工作提供队伍、物资、装备、资金等资源保障的专项和部门应急预案，侧重明确组织指挥机制、资源布局、不同种类和级别突发事件发生后的资源调用程序等内容。

联合应急预案侧重明确相邻、相近地方人民政府及其部门间信息通报、处置措施衔接、应急资源共享等应急联动机制。

第九条　单位和基层组织应急预案由机关、企业、事业单位、社会团体和居委会、村委会等法人和基层组织制定，侧重明确应急响应责任人、风险隐患监测、信息报告、预警响应、应急处置、人员疏散撤离组织和路线、可调用或可请求援助的应急资源情况及如何实施等，体现自救互救、信息报告和先期处置特点。

大型企业集团可根据相关标准规范和实际工作需要，参照国际惯例，建立本集团应急预案体系。

第十条　政府及其部门、有关单位和基层组织可根据应急预案，并针对突发事件现场处置工作灵活制定现场工作方案，侧重明确现场组织指挥机制、应急队伍分工、不同情况下的应对措施、应急装备保障和自我保障等内容。

第十一条　政府及其部门、有关单位和基层组织可结合本地区、本部门和本单位具体情况，编制应急预案操作手册，内容一般包括风险隐患分析、处置工作程序、响应措施、应急队伍和装备物资情况，以及相关单位联络人员和电话等。

第十二条　对预案应急响应是否分级、如何分级、如何界定分级响应措施等，由预案制定单位根据本地区、本部门和本单位的实际情况确定。

第三章　预　案　编　制

第十三条　各级人民政府应当针对本行政区域多发易发突发事件、主要风险等，制定本级政府及其部门应急预案编制规划，并根据实际情况变化适时修订完善。

单位和基层组织可根据应对突发事件需要，制定本单位、本基层组织应急预案编制计划。

第十四条 应急预案编制部门和单位应组成预案编制工作小组，吸收预案涉及主要部门和单位业务相关人员、有关专家及有现场处置经验的人员参加。编制工作小组组长由应急预案编制部门或单位有关负责人担任。

第十五条 编制应急预案应当在开展风险评估和应急资源调查的基础上进行。

（一）风险评估。针对突发事件特点，识别事件的危害因素，分析事件可能产生的直接后果以及次生、衍生后果，评估各种后果的危害程度，提出控制风险、治理隐患的措施。

（二）应急资源调查。全面调查本地区、本单位第一时间可调用的应急队伍、装备、物资、场所等应急资源状况和合作区域内可请求援助的应急资源状况，必要时对本地居民应急资源情况进行调查，为制定应急响应措施提供依据。

第十六条 政府及其部门应急预案编制过程中应当广泛听取有关部门、单位和专家的意见，与相关的预案作好衔接。涉及其他单位职责的，应当书面征求相关单位意见。必要时，向社会公开征求意见。

单位和基层组织应急预案编制过程中，应根据法律、行政法规要求或实际需要，征求相关公民、法人或其他组织的意见。

第四章　审批、备案和公布

第十七条　预案编制工作小组或牵头单位应当将预案送审稿及各有关单位复函和意见采纳情况说明、编制工作说明等有关材料报送应急预案审批单位。因保密等原因需要发布应急预案简本的，应当将应急预案简本一起报送审批。

第十八条　应急预案审核内容主要包括预案是否符合有关法律、行政法规，是否与有关应急预案进行了衔接，各方面意见是否一致，主体内容是否完备，责任分工是否合理明确，应急响应级别设计是否合理，应对措施是否具体简明、管用可行等。必要时，应急预案审批单位可组织有关专家对应急预案进行评审。

第十九条　国家总体应急预案报国务院审批，以国务院名义印发；专项应急预案报国务院审批，以国务院办公厅名义印发；部门应急预案由部门有关会议审议决定，以部门名义印发，必要时，可以由国务院办公厅转发。

地方各级人民政府总体应急预案应当经本级人民政府常务会议审议，以本级人民政府名义印发；专项应急预案应当经本级人民政府审批，必要时经本级人民政府常务会议或专题会议审议，以本级人民政府办公厅（室）名义印发；部门应急预案应当经部门有关会议审议，以部门名义印发，必要时，可以由本级人民政府办公厅（室）转发。

单位和基层组织应急预案须经本单位或基层组织主要负责人或分管负责人签发，审批方式根据实际情况确定。

第二十条　应急预案审批单位应当在应急预案印发后的 20 个工作日内依照下列规定向有关单位备案：

（一）地方人民政府总体应急预案报送上一级人民政府备案。

（二）地方人民政府专项应急预案抄送上一级人民政府有关主管部门备案。

（三）部门应急预案报送本级人民政府备案。

（四）涉及需要与所在地政府联合应急处置的中央单位应急预案，应当向所在地县级人民政府备案。

法律、行政法规另有规定的从其规定。

第二十一条　自然灾害、事故灾难、公共卫生类政府及其部门应急预案，应向社会公布。对确需保密的应急预案，按有关规定执行。

第五章　应　急　演　练

第二十二条　应急预案编制单位应当建立应急演练制度，根据实际情况采取实战演练、桌面推演等方式，组织开展人员广泛参与、处置联动性强、形式多样、节约高效的应急演练。

专项应急预案、部门应急预案至少每 3 年进行一次应急演练。

地震、台风、洪涝、滑坡、山洪泥石流等自然灾害易发区域所在地政府，重要基础设施和城市供水、供电、供气、供热等生命线工程经营管理单位，矿山、建筑施工单位和易燃易爆物品、危险化学品、放射性物品等危险物品生产、经营、储运、使用单位，公共交通工具、公共场所和医院、学校等人员密集场所的经营单位或者管理单位等，应当有针对性地经常组织开展应急演练。

第二十三条　应急演练组织单位应当组织演练评估。评估的主要内容包括：演练的执行情况，预案的合理性与可操作性，指挥协调和应急联动情况，应急人员的处置情况，演练所用设备装备的适用性，对完善预案、应急准备、应急机制、应急措施等方面的意见和建议等。

鼓励委托第三方进行演练评估。

第六章　评估和修订

第二十四条　应急预案编制单位应当建立定期评估制度，分析评价预案内容的针对性、实用性和可操作性，实现应急预案的动态优化和科学规范管理。

第二十五条　有下列情形之一的，应当及时修订应急预案：

（一）有关法律、行政法规、规章、标准、上位预案中的有关规定发生变化的；

（二）应急指挥机构及其职责发生重大调整的；

（三）面临的风险发生重大变化的；

（四）重要应急资源发生重大变化的；

（五）预案中的其他重要信息发生变化的；

（六）在突发事件实际应对和应急演练中发现问题需要作出重大调整的；

（七）应急预案制定单位认为应当修订的其他情况。

第二十六条 应急预案修订涉及组织指挥体系与职责、应急处置程序、主要处置措施、突发事件分级标准等重要内容的，修订工作应参照本办法规定的预案编制、审批、备案、公布程序组织进行。仅涉及其他内容的，修订程序可根据情况适当简化。

第二十七条 各级政府及其部门、企事业单位、社会团体、公民等，可以向有关预案编制单位提出修订建议。

第七章　培训和宣传教育

第二十八条 应急预案编制单位应当通过编发培训材料、举办培训班、开展工作研讨等方式，对与应急预案实施密切相关的管理人员和专业救援人员等组织开展应急预案培训。

各级政府及其有关部门应将应急预案培训作为应急管理培训的重要内容，纳入领导干部培训、公务员培训、应急管理干部日常培训内容。

第二十九条 对需要公众广泛参与的非涉密的应急预案，编制单位应当充分利用互联网、广播、电视、报刊等多种媒体广泛宣传，制作通俗易懂、好记管用的宣传普及材料，向公众免费发放。

第八章　组　织　保　障

第三十条　各级政府及其有关部门应对本行政区域、本行业（领域）应急预案管理工作加强指导和监督。国务院有关部门可根据需要编写应急预案编制指南，指导本行业（领域）应急预案编制工作。

第三十一条　各级政府及其有关部门、各有关单位要指定专门机构和人员负责相关具体工作，将应急预案规划、编制、审批、发布、演练、修订、培训、宣传教育等工作所需经费纳入预算统筹安排。

第九章　附　　则

第三十二条　国务院有关部门、地方各级人民政府及其有关部门、大型企业集团等可根据实际情况，制定相关实施办法。

第三十三条　本办法由国务院办公厅负责解释。

第三十四条　本办法自印发之日起施行。

附录6　国家突发公共事件
总体应急预案

（国办发〔2005〕第 11 号）

目录

第一章　总　　则

1.1　编制目的

提高政府保障公共安全和处置突发公共事件的能力，最大限度地预防和减少突发公共事件及其造成的损害，保障公众的生命财产安全，维护国家安全和社会稳定，促进经济社会全面、协调、可持续发展。

1.2　编制依据

依据宪法及有关法律、行政法规，制定本预案。

1.3 分类分级

本预案所称突发公共事件是指突然发生，造成或者可能造成重大人员伤亡、财产损失、生态环境破坏和严重社会危害，危及公共安全的紧急事件。

根据突发公共事件的发生过程、性质和机理，突发公共事件主要分为以下四类：

（1）自然灾害。主要包括水旱灾害，气象灾害，地震灾害，地质灾害，海洋灾害，生物灾害和森林草原火灾等。

（2）事故灾难。主要包括工矿商贸等企业的各类安全事故，交通运输事故，公共设施和设备事故，环境污染和生态破坏事件等。

（3）公共卫生事件。主要包括传染病疫情，群体性不明原因疾病，食品安全和职业危害，动物疫情，以及其他严重影响公众健康和生命安全的事件。

（4）社会安全事件。主要包括恐怖袭击事件，经济安全事件和涉外突发事件等。

各类突发公共事件按照其性质、严重程度、可控性和影响范围等因素，一般分为四级：Ⅰ级（特别重大）、Ⅱ级（重大）、Ⅲ级（较大）和Ⅳ级（一般）。

1.4 适用范围

本预案适用于涉及跨省级行政区划的，或超出事发地省级人民政府处置能力的特别重大突发公共事件应对工作。

本预案指导全国的突发公共事件应对工作。

1.5 工作原则

（1）以人为本，减少危害。切实履行政府的社会管理和公共服务职能，把保障公众健康和生命财产安全作为首要任务，最大限度地减少突发公共事件及其造成的人员伤亡和危害。

（2）居安思危，预防为主。高度重视公共安全工作，常抓不懈，防患于未然。增强忧患意识，坚持预防与应急相结合，常态与非常态相结合，做好应对突发公共事件的各项准备工作。

（3）统一领导，分级负责。在党中央、国务院的统一领导下，建立健全分类管理、分级负责，条块结合、属地管理为主的应急管理体制，在各级党委领导下，实行行政领导责任制，充分发挥专业应急指挥机构的作用。

（4）依法规范，加强管理。依据有关法律和行政法规，加强应急管理，维护公众的合法权益，使应对突发公共事件的工作规范化、制度化、法制化。

（5）快速反应，协同应对。加强以属地管理为主的应急处置队伍建设，建立联动协调制度，充分动员和发挥乡镇、社区、企事业单位、社会团体和志愿者队伍的作用，依靠公众力量，形成统一指挥、反应灵敏、功能齐全、协调有序、运转高效的应急管理机制。

（6）依靠科技，提高素质。加强公共安全科学研究和技术开发，采用先进的监测、预测、预警、预防和应急处置技术及设施，充分发挥专家队伍和专业人员的作用，提高应对突发公共事件的科技水平和指挥能力，避免发生次生、衍生事件；加强宣传和培训教育工作，提高公众自救、互救和应对各类突发公共事件的综合素质。

1.6　应急预案体系

全国突发公共事件应急预案体系包括：

（1）突发公共事件总体应急预案。总体应急预案是全国应急预案体系的总纲，是国务院应对特别重大突发公共事件的规范性文件。

（2）突发公共事件专项应急预案。专项应急预案主要是国务院及其有关部门为应对某一类型或某几种类型突发公共事件而制定的应急预案。

（3）突发公共事件部门应急预案。部门应急预案是国务院有关部门根据总体应急预案、专项应急预案和部门职责为应对突发公共事件制定的预案。

（4）突发公共事件地方应急预案。具体包括：省级人民政府的突发公共事件总体应急预案、专项应急预案和部门应急预案；各市（地）、县（市）人民政府及其基层政权组织的突发公共事件应急预案。上述预案在省级人民政府的领导下，按照分类管理、分级负责的原则，由地方人民政府及其有关部门分别制定。

（5）企事业单位根据有关法律法规制定的应急预案。

（6）举办大型会展和文化体育等重大活动，主办单位应当制定应急预案。

各类预案将根据实际情况变化不断补充、完善。

第二章　组　织　体　系

2.1　领导机构

国务院是突发公共事件应急管理工作的最高行政领

导机构。在国务院总理领导下，由国务院常务会议和国家相关突发公共事件应急指挥机构（以下简称相关应急指挥机构）负责突发公共事件的应急管理工作；必要时，派出国务院工作组指导有关工作。

2.2 办事机构

国务院办公厅设国务院应急管理办公室，履行值守应急、信息汇总和综合协调职责，发挥运转枢纽作用。

2.3 工作机构

国务院有关部门依据有关法律、行政法规和各自的职责，负责相关类别突发公共事件的应急管理工作。具体负责相关类别的突发公共事件专项和部门应急预案的起草与实施，贯彻落实国务院有关决定事项。

2.4 地方机构

地方各级人民政府是本行政区域突发公共事件应急管理工作的行政领导机构，负责本行政区域各类突发公共事件的应对工作。

2.5 专家组

国务院和各应急管理机构建立各类专业人才库，可以根据实际需要聘请有关专家组成专家组，为应急管理提供决策建议，必要时参加突发公共事件的应急处置工作。

第三章 运 行 机 制

3.1 预测与预警

各地区、各部门要针对各种可能发生的突发公共事件，完善预测预警机制，建立预测预警系统，开展风险分析，做到早发现、早报告、早处置。

根据预测分析结果，对可能发生和可以预警的突发公共事件进行预警。预警级别依据突发公共事件可能造成的危害程度、紧急程度和发展势态，一般划分为四级：Ⅰ级（特别严重）、Ⅱ级（严重）、Ⅲ级（较重）和Ⅳ级（一般），依次用红色、橙色、黄色和蓝色表示。

预警信息包括突发公共事件的类别、预警级别、起始时间、可能影响范围、警示事项、应采取的措施和发布机关等。

预警信息的发布、调整和解除可通过广播、电视、报刊、通信、信息网络、警报器、宣传车或组织人员逐户通知等方式进行，对老、幼、病、残、孕等特殊人群以及学校等特殊场所和警报盲区应当采取有针对性的公告方式。

3.2　应急处置

3.2.1　信息报告

特别重大或者重大突发公共事件发生后，各地区、各部门要立即报告，最迟不得超过 4 小时，同时通报有关地区和部门。应急处置过程中，要及时续报有关情况。

3.2.2　先期处置

突发公共事件发生后，事发地的省级人民政府或者国务院有关部门在报告特别重大、重大突发公共事件信息的同时，要根据职责和规定的权限启动相关应急预案，及时、有效地进行处置，控制事态。

在境外发生涉及中国公民和机构的突发事件，我驻外使领馆、国务院有关部门和有关地方人民政府要采取措施控制事态发展，组织开展应急救援工作。

3.2.3　应急响应

对于先期处置未能有效控制事态的特别重大突发公共事件，要及时启动相关预案，由国务院相关应急指挥机构或国务院工作组统一指挥或指导有关地区、部门开展处置工作。

现场应急指挥机构负责现场的应急处置工作。

需要多个国务院相关部门共同参与处置的突发公共事件，由该类突发公共事件的业务主管部门牵头，其他部门予以协助。

3.2.4　应急结束

特别重大突发公共事件应急处置工作结束，或者相关危险因素消除后，现场应急指挥机构予以撤销。

3.3　恢复与重建

3.3.1　善后处置

要积极稳妥、深入细致地做好善后处置工作。对突发公共事件中的伤亡人员、应急处置工作人员，以及紧急调集、征用有关单位及个人的物资，要按照规定给予抚恤、补助或补偿，并提供心理及司法援助。有关部门要做好疫病防治和环境污染消除工作。保险监管机构督促有关保险机构及时做好有关单位和个人损失的理赔工作。

3.3.2　调查与评估

要对特别重大突发公共事件的起因、性质、影响、责任、经验教训和恢复重建等问题进行调查评估。

3.3.3　恢复重建

根据受灾地区恢复重建计划组织实施恢复重建工作。

3.4　信息发布

突发公共事件的信息发布应当及时、准确、客观、全面。事件发生的第一时间要向社会发布简要信息，随后发布初步核实情况、政府应对措施和公众防范措施等，并根据事件处置情况做好后续发布工作。

信息发布形式主要包括授权发布、散发新闻稿、组织报道、接受记者采访、举行新闻发布会等。

第四章　应急保障

各有关部门要按照职责分工和相关预案做好突发公共事件的应对工作，同时根据总体预案切实做好应对突发公共事件的人力、物力、财力、交通运输、医疗卫生及通信保障等工作，保证应急救援工作的需要和灾区群众的基本生活，以及恢复重建工作的顺利进行。

4.1　人力资源

公安（消防）、医疗卫生、地震救援、海上搜救、矿山救护、森林消防、防洪抢险、核与辐射、环境监控、危险化学品事故救援、铁路事故、民航事故、基础信息网络和重要信息系统事故处置，以及水、电、油、气等工程抢险救援队伍是应急救援的专业队伍和骨干力量。地方各级人民政府和有关部门、单位要加强应急救援队伍的业务培训和应急演练，建立联动协调机制，提高装备水平；动员社会团体、企事业单位以及志愿者等各种社会力量参与应急救援工作；增进国际间的交流与合作。要加强以乡镇和社区为单位的公众应急能力建设，发挥其在应对突发公共事件中的重要作用。

中国人民解放军和中国人民武装警察部队是处置突发公共事件的骨干和突击力量，按照有关规定参加应急处置工作。

4.2　财力保障

要保证所需突发公共事件应急准备和救援工作资金。对受突发公共事件影响较大的行业、企事业单位和个人要及时研究提出相应的补偿或救助政策。要对突发公共事件财政应急保障资金的使用和效果进行监管和评估。

鼓励自然人、法人或者其他组织（包括国际组织）按照《中华人民共和国公益事业捐赠法》等有关法律、法规的规定进行捐赠和援助。

4.3　物资保障

要建立健全应急物资监测网络、预警体系和应急物资生产、储备、调拨及紧急配送体系，完善应急工作程序，确保应急所需物资和生活用品的及时供应，并加强对物资储备的监督管理，及时予以补充和更新。

地方各级人民政府应根据有关法律、法规和应急预案的规定，做好物资储备工作。

4.4　基本生活保障

要做好受灾群众的基本生活保障工作，确保灾区群众有饭吃、有水喝、有衣穿、有住处、有病能得到及时医治。

4.5 医疗卫生保障

卫生部门负责组建医疗卫生应急专业技术队伍，根据需要及时赴现场开展医疗救治、疾病预防控制等卫生应急工作。及时为受灾地区提供药品、器械等卫生和医疗设备。必要时，组织动员红十字会等社会卫生力量参与医疗卫生救助工作。

4.6 交通运输保障

要保证紧急情况下应急交通工具的优先安排、优先调度、优先放行，确保运输安全畅通；要依法建立紧急情况社会交通运输工具的征用程序，确保抢险救灾物资和人员能够及时、安全送达。

根据应急处置需要，对现场及相关通道实行交通管制，开设应急救援"绿色通道"，保证应急救援工作的顺利开展。

4.7 治安维护

要加强对重点地区、重点场所、重点人群、重要物资和设备的安全保护，依法严厉打击违法犯罪活动。必要时，依法采取有效管制措施，控制事态，维护社会秩序。

4.8 人员防护

要指定或建立与人口密度、城市规模相适应的应急避险场所，完善紧急疏散管理办法和程序，明确各级责任人，确保在紧急情况下公众安全、有序的转移或疏散。

要采取必要的防护措施，严格按照程序开展应急救援工作，确保人员安全。

4.9　通信保障

建立健全应急通信、应急广播电视保障工作体系，完善公用通信网，建立有线和无线相结合、基础电信网络与机动通信系统相配套的应急通信系统，确保通信畅通。

4.10　公共设施

有关部门要按照职责分工，分别负责煤、电、油、气、水的供给，以及废水、废气、固体废弃物等有害物质的监测和处理。

4.11　科技支撑

要积极开展公共安全领域的科学研究；加大公共安全监测、预测、预警、预防和应急处置技术研发的投入，不断改进技术装备，建立健全公共安全应急技术平台，提高我国公共安全科技水平；注意发挥企业在公共安全领域的研发作用。

第五章　监督管理

5.1　预案演练

各地区、各部门要结合实际，有计划、有重点地组织有关部门对相关预案进行演练。

5.2　宣传和培训

宣传、教育、文化、广电、新闻出版等有关部门要通过图书、报刊、音像制品和电子出版物、广播、电视、网络等，广泛宣传应急法律法规和预防、避险、自救、互救、减灾等常识，增强公众的忧患意识、社会责任意识和自救、互救能力。各有关方面要有计划地对应急救援和管理人员进行培训，提高其专业技能。

5.3 责任与奖惩

突发公共事件应急处置工作实行责任追究制。

对突发公共事件应急管理工作中做出突出贡献的先进集体和个人要给予表彰和奖励。

对迟报、谎报、瞒报和漏报突发公共事件重要情况或者应急管理工作中有其他失职、渎职行为的，依法对有关责任人给予行政处分；构成犯罪的，依法追究刑事责任。

第六章 附 则

根据实际情况的变化，及时修订本预案。

本预案自发布之日起实施。

附录7 国家能源局关于印发《电力安全事件监督管理规定》的通知

（国能安全〔2014〕205号）

各派出机构，国家电网公司，南方电网公司，华能、大唐、华电、国电、中电投集团公司、各有关电力企业：

按照工作安排，国家能源局修订了原电监会《电力安全事件监督管理暂行规定》，现将完成后的《电力安全时间监督管理规定》印发你们，请依照执行。

国家能源局

2014年5月10日

电力安全事件监督管理规定

第一条 为贯彻落实《电力安全事故应急处置和调查处理条例》（以下简称《条例》），加强对可能引发电力安全事故的重大风险管控，防止和减少电力安全事故，制定本规定。

第二条 本规定所称的电力安全事件，是指未构成电力安全事故，但影响电力（热力）正常供应，或对电力系统安全稳定运行构成威胁，可能引发电力安全事故或造成较大社会影响的事件。

第三条 电力企业应当加强对电力安全事件的管理，严格落实安全生产责任，建立健全相关的管理制度，完善安全风险管控体系，强化基层基础安全管理工作，防止和减少电力安全事件。

第四条 电力企业应当依照《条例》和本规定，制定本企业电力安全事件相关管理规定，明确电力安全事件分级分类标准、信息报送制度、调查处理程序和责任追究制度等内容。

第五条 电力企业制定的电力安全事件相关管理规定应当报送国家能源局及其派出机构。属于国家电力安全生产委员会成员单位的电力企业相对国家能源局报送，其他电力企业应当向当地国家能源局派出机构（以下简称"派出机构"）报送。电力安全事件相关管理规定作出修订后，应当重新报送。

第六条 国家能源局以及派出机构指导、督促电力企业开展电力安全事件防范工作，并重点加强对以下电力安全事件的监督管理：

（一）因安全故障（含人员误操作，下同）造成城市电网（含直辖市、省级人民政府所在地城市、其他设区的市、县级市电网）减供负荷比例或者城市供电用户停电比例超过《电力安全事故应急处置和调查处理条例》规定的一般电力安全事故比例数值60％以上；

（二）500千伏以上系统中，一次时间造成同一输电中断面两回以上线路同时停运；

（三）省级以上电力调度机构管辖的安全稳定控制装置拒动、误动、330千伏以上线路主保护拒动或者误动、330千伏以上断路器拒动；

（四）装机总容量1000兆瓦以上的发电厂、330千伏以上变电站因安全故障造成全长（全站）对外停电；

（五）±400千伏以上直流输电线路双极闭锁或一次事件造成多回直流输电线路单极闭锁；

（六）发生地市级以上地方人民政府有关部门确定的特级或者一级重要电力用户外部供电电源因安全故障全部中断；

（七）因安全故障造成发电厂一次减少出力1200兆瓦以上，或者装机容量5000兆瓦以上发电厂一次减少出力2000兆瓦以上，或者风电场一次减少出力200兆瓦以上；

（八）水电站由于水工设备、水土建筑损坏或者其他原因，造成水库不能正常蓄水、泄洪、水淹厂房、库水漫坝；或者水电站在泄洪过程中发生消能防冲设施破坏、下游近坝堤岸垮塌；

（九）燃煤发电厂贮灰场大坝发生溃决，或发生严重泄露并造成环境好、污染；

（十）供热机组装机容量200兆瓦以上的热电厂，在当地人民政府规定的采暖期内同时发生2台以上供热机组因安全故障停止运行并持续12小时。

第七条 发生第六条所列电力安全时间后，对于造成较大社会影响的，发生事件的单位负责人接到报告后应当于1小时内向上级主管单位和当地派出机构报告，在未设派出机构的省、自治区、直辖市，应当向当地国家能源局区域派出机构报告，全国电力安全生产委员会成员单位接到报告后应当于1小时内向国家能源局报告。

其他电力安全事件报国家能源局的时限为事件发生后24小时。同时，当地派出机构要对事件进一步核实，及时向国家能源局报送事件情况的书面报告。

第八条 电力企业对发生的电力安全事件，应当吸取教训，按照本企业的相关管理规定，制定和落实防范整改措施。

对第六条所列电力安全事件，电力企业应当依据国家有关事故调查程序，组织调查组进行调查处理。

对电力系统安全稳定运行或对社会造成较大影响的电力安全事件，国家能源局及其派出机构认为必要时，可以专项督查。

第九条 对第六条所列电力安全事件的调查期限依据《电力安全事故应急处置和调查处理条例》规定的一般电力安全事故调查期限执行，调查工作结束后5工作日内，电力企业应当将调查结果以书面形式报国家能源局及其派出机构。

第十条 涉及电网企业、发电企业等两个或者两个以上企业的电力安全事件，组织联合调查时发生争议且一方申请国家能源局及其派出机构调查的，可以由国家能源及其派出机构组织调查。

第十一条 对发生第六条所列电力安全事件且负有主要责任的电力企业，国家能源局及其派出机构将视情况采取约谈、通报、现场检查和专项督办等手段加强督导，督促电力企业落实安全生产主体责任，全面排查安全隐患，落实防范整改措施，切实提高安全生产管理水平，防止类似事件重复发生，防止电力安全事件引发电力安全事故。

第十二条 电力企业违反本规定要求的，由国家能源局及其派出机构依据有关规定处理。

第十三条 派出机构可根据本规定，结合本辖区实际，制定相关实施细则。

第十四条 本规定自发布之日执行。

附件8 国家能源局综合司关于印发《大面积停电事件省级应急预案编制指南》的通知

(国能综安全〔2016〕490号)

各省、自治区、直辖市人民政府办公厅，国家能源局各派出机构：

为深入贯彻落实《国家大面积停电事件应急预案》和《国家发展改革委办公厅关于做好国家大面积停电事件应急预案贯彻落实工作的通知》，指导省级人民政府开展大面积停电事件应急预案的制修订工作，我局编制了《大面积停电事件省级应急预案编制指南》，现印送你们，供工作参考。

国家能源局综合司

2016年8月5日

大面积停电事件省级应急
预案编制指南

第一部分 编制工作指南

1 预案编制原则

1.1 大面积停电事件省级应急预案（以下简称省级预案）是为省、自治区、直辖市（以下简称省级）人民政府制定的针对大面积停电事件的专项应急预案，是大面积停电事件应对中涉及的多个部门职责的制度安排与工作方案，应由省级人民政府电力运行主管部门牵头制定。

1.2 预案编制应当依据国家相关法律法规和本辖区突发事件应急管理相关法规和制度，并紧密结合本辖区实际情况。

省级预案框架各部分内容所涉及的法律法规制度依据见附录一。

1.3 省级预案重点明确在发生大面积停电事件时的组织指挥机制、信息报告要求、分级响应标准及响应行动、队伍物资保障及调用程序、市县级政府职责等，重点规范省级层面应对行动，同时体现对市县级预案的指导性。省级预案与其他省级专项预案的衔接界面由省级综合预案规定；省级预案涉及市县级层面的应对及处置行动由市县级相关专项预案规定；省级预案涉及的跨部门响应与保障行动由相关协同联动机制规定。

省级预案的体系框架图见附录二。

1.4 省级预案应当与《国家大面积停电事件应急预案》在应对原则、指挥机制、预警机制、事件分级、响应分级、响应行动以及保障措施等方面进行衔接。

2 编制工作组织机构

2.1 由省级人民政府电力运行主管部门牵头成立应急预案编制工作组织（以下简称编制组织），编制组织负责人应由省级人民政府电力运行主管部门有关工作责任人担任。编制组织的典型构成见附录三。

2.2 编制组织成员构成应当注重全面性和专业性，吸收相关政府部门应急管理人员、相关应急指挥机构管理人员、应急管理领域专业人员和相关行业专业人员参与，必要时组织专门培训。

2.3 编制组织应当注重工作的延续性，充分发挥编制组织成员在大面积停电事件应急处置指挥和省级预案持续优化完善工作中的作用。

3 编制准备

3.1 风险源评估

预案编制前应当对可能引发大面积停电事件的风险源进行全面评估。风险源评估应当基于全面的样本资料收集，包括本辖区十年以上的相关历史事件、国内外代表性案例以及对未来一段时间本辖区自然、社会、经济演变的预期，形成风险源事件样本库。风险源评估应当采用科学有效的事件分解和模式归类方法，形成预案情景构建工作的基础。

3.2 社会风险影响分析

预案编制前应当进行大面积停电事件社会风险影响分析，形成应急响应和保障的决策依据，提出控制风险、治理隐患和防范次生衍生灾害的措施和极端情况下应急处置与资源保障的需求。

社会风险影响分析宜采用情景构建的科学方法，对大面积停电事件造成的对城市秩序、交通运输、公共安全、通信保障、医疗卫生、物资供应、燃料供应等领域的影响情景进行构建。

3.3 应急资源调查

3.3.1 从大面积停电事件发生时供电保障的角度出发，对电力企业应急资源，重要电力用户应急资源，其他应急与保障机制，相关部门、组织及机构的备用电源，应急燃料储备情况，应急队伍，物资装备，应急场所等状况进行全面调查。必要时，依据电网结构和地域特性，对合作区域内可用的电力应急资源进行调查，为制定应急响应措施提供依据。

3.3.2 从大面积停电事件发生时民生与社会安全保障的角度出发，对通信、交通、公共安全、民政、卫生、医疗、市政、军队、武警等相关部门和单位以及社会化应急组织的应急资源情况进行调查，必要时对合作区域内可用的社会应急资源情况进行调查，为制定协同联动机制提供依据。

4 隐患治理与预案要素的先期完善

4.1 对于在风险分析中发现的易发、高发风险源隐患，应当进行事前治理。有整改条件的由编制组织提请省级安全生产监督管理部门督促相关单位进行整改，没有整改条件的应在预案中特别列明，并在预案中对监测预警、应急处置措施等手段和程序上予以强化。

4.2 对于在影响分析中发现的社会影响敏感因素，应当在预案编制过程中强化相关单位的专业处置力量，完善预案中相应的响应与处置措施，同时将上述因素作为确定响应级别与响应升级的重要依据。

4.3 对于在应急资源调查中发现的应急资源明显不足的情况，应当按照相关规范标准要求及时配备。应急资源与保障措施协同联动机制不到位的，应及时组织相关部门和单位会商并建立完善机制。地方人民政府应当积极推进全社会共同参与的应急资源调用机制建设。

5 编制过程要点

5.1 预案中规定的程序、机制与措施都应当有法可依、有据可查，编制过程中可充分借鉴和体现本辖区应急管理历史工作经验和成果。

5.2 预案编制中应当采用标准化的文字与流程图，规定监测预警、应急组织指挥机构召集、信息共享与报送、响应启动、响应级别调整等行动。

5.3 预案编制中宜采用情景构建方法，保证预案内容与实际情况相符，提高预案的针对性和可操作性。

5.4 预案内容应当体现统一指挥、分工负责的工作原则，对指挥权设定、分级组织指挥以及现场工作组、现场指挥机构的权利责任划分应当严谨清晰。

5.5 省级预案应当与相关预案做好衔接，涉及其他单位职责的，应当书面征求相关单位意见。必要时，向地方立法机构和社会公开征求意见。

6 审批和发布

省级预案的审批、发布、备案及修订更新工作按照《突发事件应急预案管理办法》《国家发展改革委办公厅关于做好大面积停电事件应急预案贯彻落实工作的通知》等文件执行。

第二部分 预案框架指南

1 总则

1.1 编制目的

建立健全涉及本省、自治区、直辖市（以下简称本省）的大面积停电事件应对工作机制，提高应对效率，最大限度减少人员伤亡和财产损失，维护本辖区安全和社会稳定。

1.2 编制依据

国家相关法律法规和政策文件，一般包括：《中华人民共和国突发事件应对法》《中华人民共和国安全生产法》《中华人民共和国电力法》《生产安全事故报告和调查处理条例》《电力安全事故应急处置和调查处理条例》《电网调度管理条例》《国家突发公共事件总体应急预案》《国家大面积停电事件应急预案》。

省级人民政府颁发的相关法规和政策文件：如某省（自治区、直辖市）突发事件应对条例、某省（自治区、直辖市）突发事件总体应急预案、某省（自治区、直辖市）突发事件预警信息发布管理办法等。

1.3 适用范围

明确省级预案的适用行政辖区。

省级预案是应对由于本辖区内外自然灾害、电力安全事故和外力破坏等原因造成的本辖区内电网大量减供负荷，对本辖区安全、社会稳定以及人民群众生产生活造成影响和威胁的停电事件的工作方案。

按照突发事件省级综合预案明确本省级预案与省内其他相关预案关系。

1.4 工作原则

遵从国家大面积停电事件应急处置工作原则，同时突出本省应急处置工作特点。

1.5 事件分级

事件分级原则上按照《国家大面积停电事件应急预案》规定的标准执行，分为特别重大、重大、较大和一般四级，具体内容结合本省实际，与本省无关的标准可以不列入。

2 组织指挥体系及职责

2.1 省级层面组织指挥机构

明确本省大面积停电事件应对指导协调和组织管理工作的负责单位。

明确省级层面应对大面积停电事件的应急组织指挥机构（以下简称应急组织指挥机构）及其召集机制、成员组成、职责分工，日常管理工作机制。成员和职责可以附件形式附后。明确必要时派出应急工作组指导市县开展大面积停电事件应急处置工作的机制。

依照"统一领导""属地为主"的工作原则，明确当成立国家大面积停电事件应急指挥部时，由国家大面积停电事件应急指挥部统一领导、组织和指挥大面积停电事件应对工作，（本辖区）应急组织指挥机构应衔接上一层级指挥体系并做好辖区内事件应对的领导、组织和指挥工作。

省级层面组织指挥机构构成体系见附录四。

2.2 市县层面组织指挥机构

明确市县级指挥、协调本行政区域内大面积停电事件应对工作的负责单位。

明确市县级大面积停电事件应急组织指挥机构及其召集机制。

2.3 电力企业

明确电力企业应对大面积停电事件的应急指挥机构。

明确电力企业应急指挥机构与应急组织指挥机构之间的关系与界面。

2.4 专家组

制定专家组召集机制。明确专家组的专业领域构成，专家组对应急组织指挥机构的决策支持流程。

3 风险分析和监测预警

3.1 风险分析

3.1.1 风险源分析

3.1.1.1 从本辖区气象、地质、水文、植被等自然环境因素方面，分析可能引发大面积停电事件的环境危险因素。

3.1.1.2 从本辖区电网结构、设备特性等方面分析可能引发大面积停电事件的电网危险因素。

3.1.1.3 从系统分析和历史经验角度，发现可能引发本辖区大面积停电事件的辖区外电网、自然和社会环境危险因素。

3.1.2 社会风险影响分析

结合本辖区人口、政治、经济发展特点，对大面积停电引发的社会面风险因素进行分析。可以基于本辖区历史灾害样本数据进行社会影响情景构建。

3.2 监测

明确本辖区内需要监测的重点对象。以早发现、早报告、早处置的原则，建立监测信息的管理方法和机制。

适当考虑发生在本辖区外、有可能对本辖区造成重大影响事件的信息收集与传报。

除从上述专业渠道获取监测信息外，预案监测体系还应支持从舆情监测、互联网感知、民众报告等多种渠道获得预警信息的方式，并对民众报告的接报方式进行公示。

3.3 预警

3.3.1 预警信息发布

明确规范省级大面积停电事件预警职责、预警程序、预警调整及解除等具体内容。重点明确电网企业大面积停电事件预警信息上报电力运行主管部门和国家能源局派出机构的程序、内容和相关渠道，明确电力运行主管部门后续研判、报告、审批和预警信息发布的程序。明确预警信息的发布平台、渠道以及发布形式。

明确向国家能源局的上报程序和对市县及其他相关部门的通报程序。

3.3.2 预警行动

一般应采取的预警行动措施包括：

（1）应急准备措施。电力企业的应急准备措施，重要电力用户的应急准备措施，受影响区域人民政府应启动的应急联动机制及其他应急准备措施。

（2）舆论监测与引导措施。舆论监测方法与系统，舆情指标体系，舆论引导的依据、方法与渠道。

设置舆情指标越限时应采取的响应行动。

3.3.3 预警解除

当判断不可能发生突发大面积停电事件或者危险已经消除时，按照"谁发布、谁解除"的原则，适时终止相关措施。

4 信息报告

依据国家大面积停电事件应急预案信息报告程序，明确大面积停电事件发生后，相关电力企业的信息报告规范与程序。

明确地方人民政府（电力运行主管部门）和能源局派出机构接到大面积停电事件报告后应采取的向上信息报告和向下信息通报的规范与程序。

对市县级人民政府接到大面积停电事件信息后应采取的信息研判与报告措施提出指导性要求。

5 应急响应

5.1 响应分级

参照国家大面积停电事件应急预案响应分级，依据本省实际情况制定响应分级标准及必要时应采取的响应升级机制。

明确与响应级别对应的各单位应急处置基本任务清单以及与情景构建对应的各单位应急处置动态任务清单。

包含对于尚未达到一般大面积停电事件标准，但对社会产生较大影响的其他停电事件，省级或事发地人民政府的应急响应启动程序。

可以定义为避免应急响应不足或响应过度对应急响应级别进行调整的程序。

5.2 省级层面应对

5.2.1 省级应急组织指挥机构应对

明确初判发生重大以上大面积停电事件时，省级应急组织指挥机构应该开展的主要工作，主要包括：贯彻落实国务院指示精神，组织进行客观事态评估，组织专家研判，视情况进行现场指挥与协调，配合国务院工作组及上级指挥机构的工作，舆情管理，处置评估等。

5.2.2 省级应急工作组应对

明确省级应急工作组派出后应该采取的主要工作，主要包括：贯彻落实本省政府应急处置工作要求，收集汇总事件信息，指导当地应急指挥机构处置应对工作，协调实施跨市县合作机制等。

5.2.3 现场指挥部应对

明确现场指挥部的成立机制、工作职责，以及对参与现场处置的单位和个人的工作要求。明确现场指挥部的组织结构与指挥权限的设定、行政命令权与应急指挥权的界限划分。

5.3 工作机制和响应措施

5.3.1 工作机制

明确全面支撑应急响应措施的工作机制，如：应急组织指挥机构各成员单位间的信息共享机制；应急资源调配决策机制；现场应急指挥与协调机制；通信保障与应急联动机制；地市间跨区域大面积停电事件应急合作机制。

5.3.2 响应措施

明确大面积停电事件发生后各相关单位的响应措施和需要进行协调联动的工作机制，明确响应牵头部门，必要时列明各单位响应措施的任务清单，一般包括：

（1）抢修电网并恢复运行。明确以电力企业为主责的抢修电网并恢复运行的响应要求。

（2）防范次生衍生事故。明确以重要电力用户为主责的防范次生衍生事故的响应措施。

（3）保障民生。明确与消防、市政、供水、燃气、物资、卫生、教育、采暖等基本民生事务保障相关的一系列响应措施，响应牵头部门。

（4）维护社会稳定。明确与应急指挥体系，政府重要机构，人员密集区域，市场经济秩序，安全生产重要场所等安全与稳定保障相关的一系列响应措施，响应牵头部门。

（5）加强信息发布。明确信息发布的主要内容、方式、手段，如召开新闻发布会向社会公众发布停电信息的工作程序。

（6）组织事态评估。明确应急组织指挥机构对大面积停电事件影响范围、影响程度、发展趋势及恢复进度进行评估的组织形式和工作流程。

5.4 响应终止

满足响应终止条件时，由启动响应的地方人民政府终止应急响应。响应终止的必要条件参照《国家大面积停电事件应急预案》，可以结合本省情况按照上调响应级别的原则进行调整。

6 后期处置

6.1 处置评估

明确应急处置结束后，省级人民政府总结评估、吸取教训和改进工作的程序。明确鼓励开展第三方评估的相关要求。

6.2 事故调查

按照《电力安全事故应急处置和调查处理条例》规定成立事故调查组，查明事件原因、性质、影响范围、经济损失等情况，提出防范、整改措施和处理处置建议。

6.3 善后处置

明确应急响应结束后，事发地人民政府开展善后处置的内容和程序，如保险机构理赔工作要求；因灾受损单位灾后评估及损失申报流程。

6.4 恢复重建

明确对大面积停电事件应急响应中止后，对受损电网和设备进行恢复重建的组织、规划和实施流程。

7 应急保障

7.1 应急队伍保障

明确本辖区各类电力应急救援队伍体系建设和能力建设的基本要求。电力应急救援队伍体系包括：电力企业专业和兼职救援队伍，各相关行业协同救援队伍，军队、武警、公安消防等专业保障力量，社会志愿者队伍等。

7.2 物资装备保障

对电力企业应急装备及物资储备工作提出要求。

对县级以上人民政府加强应急救援装备物资及生产生活物资的紧急生产、储备调拨和紧急配送工作，保障支援大面积停电事件应对工作需要提出指导性要求。

对鼓励支持社会化应急物资装备储备提出指导性要求。

7.3 通信、交通和运输保障

明确本辖区的应急通信保障体系和交通运输保障体系建设工作要求，确定牵头部门。

7.4 技术保障

明确电力企业在大面积停电事件应急关键技术研究、装备研发、应急技术标准制定、应急能力评估、应急信息化平台建设等方面的工作要求。

明确气象、国土资源、水利等部门为电力日常监测预警及电力应急抢险提供技术保障的要求。

7.5 应急电源保障

明确说明本辖区加强电网"黑启动"能力建设工作要求。描述辖区内应急电源保障机制和地方人民政府督导检查机制。

7.6 医疗卫生保障

明确大面积停电应急处置过程中，对保障伤员紧急救护、卫生防疫等工作提出要求。

7.7 资金保障

明确地方人民政府以及各相关电力企业对大面积停电事件应对的资金保障规定和要求。

8 附则

8.1 预案编制与审批

说明预案的编制部门以及预案的审批及发布记录。

8.2 预案修订与更新

明确定期评审与更新制度、备案制度、评审与更新方式方法和主办机构等。

8.3 预案实施

说明预案的生效实施时间节点。

8.4 演练与培训

说明预案实施后的演练与培训计划。

9 附录

9.1 省级大面积停电事件分级说明。

9.2 应急指挥机构成员工作职责或各小组职责。

9.3 《大面积停电事件省级应急预案操作手册》，规定更加详细的行动流程、联系方式、资源清单、报告格式、路线图等，作为省级预案附录。

操作手册内容一般包含：

大面积停电事件监控信息汇总流程

大面积停电事件公众报告接报流程

大面积停电事件预警信息初判、报告、审批、发布与解除流程及信息报告格式文书

大面积停电事件组织指挥机构召集、集中、联络流程与路线图

应急人力资源清单、应急设备设施资源清单、应急抢险物资清单

大面积停电事件响应信息报告流程及信息格式文书

事件分级（如前文未列明）判定流程

事件响应分级（如前文未列明）与调整流程

第三部分　附　录

附录一　大面积停电事件省级应急预案框架涉及法律法规制度依据

预案框架章节	法律法规制度	对应内容
总则	《国家大面积停电事件应急预案》 《突发事件应对法》 《突发事件应急预案管理办法》 《生产安全事故应急预案管理办法》	事件定义 事件分级 适用范围和工作原则
组织指挥体系及职责	《突发事件应对法》 《中央编办关于国家能源局派出机构设置的通知》 省级突发事件应对条例、省级突发事件总体应急预案	省级应急组织指挥机构设置 市县级应急组织指挥机构设置
	《电力安全事故应急处置和调查处理条例》 《电网调度管理条例》 《电力企业应急预案管理办法》	电力企业应急指挥机构设置
	《突发事件应对法》 《国家突发事件总体应急预案》	专家组
监测预警和信息报告	《电力安全事故应急处置和调查处理条例》	电力设施及监测预警
	《突发事件应对法》 各省关于突发事件预警信息发布的管理办法	预警发布
	《关于加强重要电力用户供电电源及自备应急电源配置监督管理的意见》 《重大活动电力安全保障工作规定（试行）》	预警行动

预案框架章节	法律法规制度	对应内容
信息报告	《突发事件应对法》 《电力安全事故应急处置和调查处理条例》 《国家能源局综合司关于做好电力安全信息报送工作的通知》 各省关于突发事件信息报送的管理办法	信息报送
应急响应	《电力安全事故应急处置和调查处理条例》 《电网调度管理条例》	电力企业响应
	《重要电力用户供电电源及自备应急电源配置技术规范》	重要电力用户响应
	《突发事件应对法》 省级突发事件应对条例、省级突发事件总体应急预案、省级各部门专项预案、省/市/县级跨部门协同联动机制	社会响应 协同联动 保障机制
后期处置	《突发事件应对法》 《电力安全事故应急处置和调查处理条例》 《关于加强电力系统抗灾能力建设的若干意见》	善后处置，事故调查，灾后重建
保障措施	《国务院关于全面加强应急管理工作的意见》 《国务院办公厅转发安全监管总局等部门关于加强企业应急管理工作的意见》 《关于加强基层应急队伍建设的意见》	应急队伍建设

预案框架章节	法律法规制度	对应内容
保障措施	《关于进一步加强电力应急管理工作的意见》 《关于深入推进电力企业应急管理工作的通知》 《关于加强电力应急体系建设的指导意见》	电力应急队伍建设
	《军队参加抢险救灾条例》 《消防法》	军队、武警、公安参加应急处置
	《突发事件应对法》	社会救援力量组织与建设
保障措施	《国家通信保障应急预案》 《国家突发公共事件总体应急预案》 《关于全面推进公务用车制度改革的指导意见》	通信、交通与运输保障
	《电力系统安全稳定导则》	技术保障
	《突发事件应对法》	资金保障
附则	《突发事件应急预案管理办法》 《生产安全事故应急预案管理办法》	宣传、培训、演练、修订、备案与发布

附录二 大面积停电事件省级应急预案体系框架图

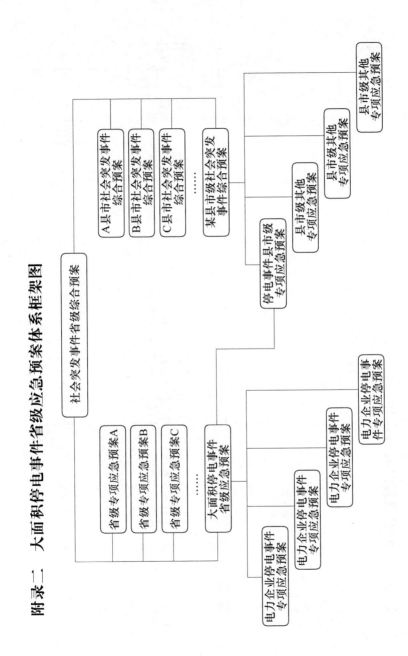

附录三　预案编制组织的典型构成

附录三　预案编制组织的典型构成

组织构成图：

编制工作负责人

- 专家组
- 省电力运行主管部门
- 能源局派出机构
- 相关电力企业

成员单位：
省宣传部、省发改委、省经信委、省教育厅、省公安厅、省民政厅、省财政厅、省国土资源厅、省住建厅、省交通厅、省水利厅、省林业厅、……

省商务厅、省卫计委、省新闻出版广电局、省安监局、民航管理局、省通信管理局、省武警总队、区域铁路局、地方电力企业

282

附录四 省级层面组织指挥机构构成体系

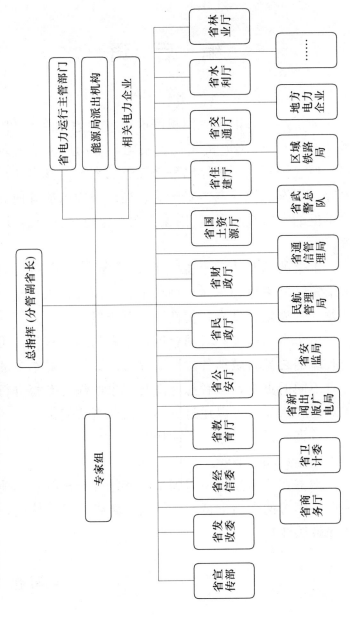

编 后 语

为了配合《国家大面积停电事件应急预案》（国办函〔2015〕134号）的贯彻、实施，帮助广大读者理解和掌握《国家大面积停电事件应急预案》的基本要求和内容，国家能源局电力安全监管司组织中国能源研究会等单位的专家编写了《〈国家大面积停电事件应急预案〉解读》。

本书的编写人员包括（以姓氏笔划为序）：王伟、王维东、刘耀恒、李泽、李海涛、吴茂林、张富新、罗文龙、钟先觉、洪亮、梅良杰、童光毅、董杰。

由于本书的编写时间仓促，编者的水平有限，难免会有疏漏之处，敬请各位读者谅解。如果您对本书的内容有不同的见解，或者您愿意与本书的编写专家进行直接对话和探讨，可以通过下列方式联系我们。

咨询电话：010-56020192

邮箱：cersyjzx@cei.gov.cn

本书在编写过程中得到了国家能源局领导及其他相关单位学者的大力支持，并提出了宝贵意见和建议，在此谨致感谢！

编写组